U0169975

心血运动论

关于动物心脏与血液运动的解剖研究

[英] 威廉·哈维 著

刘逸 译

**On the Motion of the Heart
and Blood in Animals**

William Harvey

云南出版集团

云南人民出版社

On the Motion of the Heart and Blood in Animals

William Harvey

Oxford: Blackwell Scientific Publications, 1957

根据牛津布莱克威尔科学出版社 1957 年版，并参考 1653 年首版英译本译出

果麦文化 出品

目录

献词

献给

最尊贵最无畏的

大不列颠、法兰西和爱尔兰国国王

信仰的捍卫者

查理

最尊贵的国王：

　　动物的心脏是生命的基础，是身体一切事物的本原，是动物体内小宇宙中的太阳，所有的生长依赖于此，所有的力量来源于此。同样地，国王是其王国的基础，是其小宇宙中的太阳，是整个国家的心脏，所有的权力和恩典皆来自此。我冒昧向陛下您呈上这些关于心脏运动的文字，主要是因为根据习俗，所有人都按照人类的典范来行事，国王则按照心脏的模式来行事，因此作为您神圣职能的写照，了解心脏的知识也并非无用（况且人们常常以小见大）。至高无上的国王，您无论如何都会位于人类之巅，人体最首要的部分象征着您的神圣权力。因此，我恳请我最尊贵的陛下，以您一贯的善良和仁慈，接受我对于心脏的新观点。您是这个时代崭新的曙光，正是这个时代的心脏，所有的美德和恩典都来自您，我们对于英格兰所得到的恩赐和我们的美好生活感激不尽。

至尊的陛下

您最忠诚的仆人

威廉·哈维

献词

献给

伦敦皇家医师学院杰出的主席、我特别的朋友

阿尔勒博士

以及其他博士和可敬的医生同仁们

最诚挚的问候！

　　尊敬的博士们，我曾经在我的解剖学讲座上多次阐述我关于心脏的运动和功用以及血液循环的新观点。在迄今为止的九年间，在你们的陪伴下，我通过大量的亲眼观察和推理论证，确证了足以驳斥那些博学、资深的解剖学家反对意见的事实。承蒙大家对我的赞赏和厚爱，一些人殷切地要求我出版此书，因此我决定在这本小书中向大家公开我的观点。如果没有你们的支持和庇护，我恐怕不能圆满而顺利地出版此书，你们中的绝大多数都是我尊敬而信赖的见证者，几乎见过所有我用于收集真相和勘正错误的解剖实验，亲自观察过我引用的感官证据，常常支持和帮助我。许多年来，无数的著名人物和饱学之士都坚持传统观点，而我的观点正好与之相反，声称血液是通过一条不寻常的路径在身

体内流动和返回，因此我非常担忧出版此书的后果。若非事先与你们探讨，让你们亲眼见证（autopsia）我的结论，回应你们的质疑和反对意见，以及得到了主席的支持，我恐怕会以另一种方式在前几年就出版此书，而后被国内外的公众指责太过傲慢。但是后来我还是说服了自己，如果我能在你们面前坚持我的论述，在我们学院众多学识渊博的人面前阐明我的观点，那么我对于外界的评价就不再那么害怕。你们向我展现了对真理的热爱，这给了我唯一的安慰，同时让我对哲学家的共同本质抱有希望。因为真正的哲学家只热爱真理和智慧，他们从来不会觉得自己已经足够聪明或足够博学，他们总是在需要的时候为真相留出空间，不管是从谁那里；他们也不会目光短浅到认为古人传授给我们的所有的技艺和科学已经尽善尽美，后人尽管聪慧勤勉也徒劳无益。很多人甚至宣称，与我们不知道的事相比，我们已经知道的简直微乎其微。哲学家不会让自己受制于任何人的告诫，他们只相信自己的眼睛；他们也不会迷信神秘的古代权威，从而在众人面前公然地抛弃他的朋友——真理。至于那些轻信且懒惰的人，他们第一眼看到什么就相信什么，因而他们是愚蠢和盲目的，看不到清楚明白地呈现在眼前的事，对正午的阳光熟视无睹。他们教导我们不分青红皂白地抬杠，一边反对怀疑主义，一边批判乌合之众的愚蠢想法或是诗人的天方夜谭。但我再强调一遍，真正勤学、善良和正直的人不会让自己的思维被嫉妒和愤慨的情绪所左右，而是会耐心地聆听根据真相做出的陈述，尝试理解得到充分阐明的观点；如果真相和无可辩驳的证据令他们信服，他们也不会觉得改变自己的观点是一种耻辱；对于错误的见解，尽管大部分被古人所认可，他们也毅然决然地抛弃。因为他们深深地明白，所有人都会犯错，很多事实是人们偶然发现的，因而所有人都可能需要向他人学习，年长者有时需要向年轻人学习，有学识的人有时需要向傻子学习。

但是，我亲爱的同仁们，我不打算在这本书里长篇大论地炫耀我的记忆力、知识面和阅读量，反复地搬弄一些解剖学家的著作、姓名或观点。一方面是因为我认为解剖学的学习和教授不是通过书本，而是通过解剖实践；不是通过哲学家的教条，而是通过自然的结构。另一方面，我既不想诋毁任何一个古代学者固有的名誉，也不想鼓吹任何一个现代学者，我认为这么做是不妥当的；另外，我也无意抨击那些为解剖学做出卓越贡献的前辈，无意与我的老师们较量。我不会对任何追求真理时犯错的人施加诽谤，也不会因为任何人出现小疏漏就进行控诉，我只追随真理，为之竭尽全力、历尽艰辛，希望能够带来符合至善、益于学识、利于学界的东西。

再会，最杰出的博士们。

致以诚挚的敬意！

解剖学家

威廉·哈维

前言

指出关于心脏和动脉的运动和功用的

既有观点是站不住脚的

我们将要思考心脏和动脉的运动（motus）、搏动（pulsus）、行动（actio）、功用（usus）和适用性（utilitas）[1]。在此之前，我们首先应当看看其他人在著作中如何看待这些问题，关注那些广泛流传的观点。我们将运用解剖、大量的实验和小心翼翼的观察来确证那些正确的说法，修正那些错误的说法。

目前几乎所有的解剖学家、内科医师和哲学家都认可盖伦（Claudius Galenus, 约129—216），认为脉搏的功用和呼吸是一样的，它们只在一个方面有区别，即前者来自动物灵魂的能力（facultas animalis），后者来自植物灵魂的能力（facultas vitalis）[2]，两者在其他方面都相似，无论是功用还是运动机制。他们

---

1. actio、usus、utilitas 是盖伦生理学中的关键术语，若非特别标注，本书统一将 actio 翻译为"行动"，将 usus 翻译为"功用"，将 utilitas 翻译为"适用性"。——译者注

2. 哈维的原文并没有提到"灵魂"（soul、anima），但哈维遵循亚里士多德把身体所展现的一系列目的论导向的"能力"（faculties、facultates）看作是灵魂的实现方式，此处对"动物力"和"生命力"的区分很显然来自亚里士多德对动物灵魂和植物灵魂的区分。——译者注

认为——正如法布里修斯（Fabricius ab Aquapendente, 1537—1619）在他讨论呼吸的新书中所说——由于心脏和动脉的搏动不足以散热和冷却，因此自然才将肺造在心脏附近。由此表明，传统的观点凡是谈到心脏和动脉的收缩与舒张，总是和肺有关。

但是心脏的运动和构成与肺不同，动脉的运动机制也不同于胸部，因而它们的功用很可能也是不同的。心脏和动脉的搏动及功用理应与肺部和胸腔相去甚远。假如按照通常的理解，脉搏和呼吸服务于相同的功用，动脉在舒张时通过皮肤和肉上的小孔吸入空气，在收缩时排出烟气（fuligo），在收缩和舒张的间隙，动脉里也有空气滞留。也就是说，在任意一个时段里，动脉都容纳着空气、精气（spiritus）或烟气。如果是这样的话，持有这些观点的人如何回应盖伦？盖伦曾在书中表明，动脉本质上只包含血液，除此之外别无他物，没有所谓的精气或空气，从那本书的实验和推理中我们很容易得出这样的结论。如果越有力的脉搏，吸入的空气越多（动脉在舒张时吸入并充满了空气），那么当你在脉搏强劲的时候把整个身体浸入浴池，或者是水、油里，脉搏理论上就会减慢，变得十分微弱。因为在身体被水环绕的情况下，空气进入身体、流入动脉是非常困难的。同样地，如果所有的动脉——包括位于表层的和位于深层的——都同时以相同的速度扩张，那么空气如何能够自由且迅速地穿过皮肤、肉以及全身各个地方到达身体内部，宛如只穿过了一层皮肤一样？胎儿的动脉如何能够通过母亲的腹部以及子宫吸入空气？海洋深处的鲸、海豚、所有鲸属动物和鱼类又是如何能够穿越无边无际的水通过动脉快速的舒张和收缩吸入和排出空气？如果说这些动物吸收的是渗入水中的空气，把烟气也释放回水里，这无异于天方夜谭。再者，如果动脉在收缩时从皮肤和肉上的小孔排出烟气，那为什么没有同时排出精气？按照他们的说法，动脉也包含精气，而且精气比烟气更轻薄。因而，如果动脉的确像肺一样，舒张时吸入空气，收缩时排出空气，那为什么在动脉切口中并非如此呢？当切开气管的时候，空气进入和返回两种相反的运动是很明显的。但在动脉切口中，可以清楚地看到只有血液持续向外喷涌，没有空气的进出。还有，如果说动脉的搏动是为身体各部分散热，就像肺为心脏散热一样，那么为什么又认为动脉运输的血液富含生命精气（spiritus vitalis），为身体各部分提供了热，在各部分失去知觉时唤醒它们，在精疲力竭时复原它们？而且也无法解释，当你结扎动脉，身体各部分不仅会变得麻木、冰冷、苍白，而且最终会停止运作。根据盖伦的解释，这个现象是由于动脉被结扎后，来自心脏的热也被阻碍，因而不能进入身体各部分。因此我们可以很容易地得出，动脉为各部分提供热，而不是散热。另外，动脉舒张时怎么可能一边从心脏输送精气温暖身体各部分，一边从外部输送使它们冷却的事物？更进一步地，有些人声称肺、动脉和心脏服务于相同的功用，但他们一边同意心脏是精气的加工厂，动脉包含着精气并向身体各处输送；一边又不同意科伦坡（Realdus Columbus，1515—1559）的观点，否认肺也是精气形成的场所。同样也是这些人又同意盖伦，反对埃拉西斯特拉图斯（Erasistratus，前304—前250）的观点，认为动脉中只包含血液而没有精气。这些观点互相矛盾，互相排斥，因此它们都是值得怀疑的。很显然的是，动脉里包含着血液，而且只有血液，从盖伦的实验（盖伦著作中诸多地方都确证了动脉包含血液）和动脉切口的现象都能得出这个结论。动脉切口显示，血液大量而有力地喷涌而出，半小时之内，全身的血液流尽。盖伦的实验则是，"用细绳在动脉两端结扎，在中间划开一道纵向的口子，会发现里面只有血液，没有别的"。由此盖伦验证（probat）了动脉只包含血液。用相同的方法结扎静脉，就像我经常在尸体或其他动物身上操作的那样，我们会发现静脉里的血液和动脉里的一样，通过类似的理由我们可以得出结论：动脉包含着和静脉相同的血液，除此之外别无他物。有些人试图解开这个疑难[1]，声称动脉血富含精气，他们实际上是默认了动脉的职能是把血液从心脏传递到全身各处，默认了动脉里充斥着血液，因为富含精气的血液也是血液。同样没有人会否认静脉里流淌着的血液也含有精气，而静脉血就是人们原本称之为血液的东西。尽管动脉里的血液含有更丰富的精气，但我们应该要理解精气和血液是不可分的，就像静脉里的精气一样。血液和精气合为一体（就像牛奶中的乳清和黄油、热水中的热和水一样）。动脉中充斥着的就是这个统一体，动脉从心脏运输到全身的也是这个统一体，它就是血液，而不是别的。但如果按照传统的说法，动脉在舒张时从心脏吸入血液，那么他们就预设了动脉在舒张时充斥着血液而不是之

---

1. 指的是"动静脉血相同"这个疑难。——译者注

前所说充斥着空气。如果此时动脉充斥着空气，那么它是在什么时候，以怎样的方式再从心脏接收血液的呢？如果回答是在收缩时，这看起来是不可能的，因为这样的话动脉就会在收缩的时候充盈，换言之，动脉充盈但却没有膨胀。如果回答是在舒张时，那么动脉就会同时具有两种相反的功用，同时接收血液和空气、同时传输热和冷，这也是不可能的。更进一步地，如果认为心脏和动脉是同时舒张，同时收缩，那将会有另一个不协调，因为两者如此紧密地相连，在同时舒张的情况下它们如何从对方那里吸收物质？又或是在同时收缩的情况下，它们如何从对方那里接收物质？另外，任何事物似乎不可能在被动膨胀的时候主动吸收进另一个物质，除非它如同被挤压过的海绵，在恢复原本的形状时吸收物质。我们很难想象动脉是这样的情况。但我相信我能很轻松地阐明，而且我实际上已经阐明了动脉的膨胀是以酒囊、皮袋子的方式鼓胀，而不是像风箱的输风管那样被吹胀。不过，盖伦在他的《动脉包含血液》(*Quod Sanguis continetur in Arteriis*) 一书中得出了相反的结论。他切开一条暴露的动脉，在切口处插入一根芦苇管或者空心管，阻止伤口往外流血，"只要维持这个状态，动脉就会正常搏动，但是，一旦对动脉进行结扎，将动脉管壁和空心管紧紧地绑在一起，结扎处以下的动脉就不再搏动"。我没有做过盖伦这个实验，我也不认为这能在活体上进行，光插一条管子不可能阻止血液从动脉里流出，除非做一个结扎。我毫不怀疑血液会从管子和血管之间流出。但无论如何，盖伦通过这个实验似乎想要验证，动脉膨胀是由于搏动力（facultas pul-

006

sifica）从心脏传递到动脉管壁，即像风箱那样，而不是像水袋那样。但是我们很明显能看到相反的现象，无论是在动脉的切口中还是伤口中，血液从动脉中有力地喷射出来，时而喷得远些，时而喷得近些，但是喷射总是伴随着动脉舒张，而非伴随着收缩。这清晰地表明，动脉的膨胀是由于血液的充盈。因为动脉无法做到在凭借自身扩张的同时把血液喷得这么远，根据传统的观点，动脉甚至同时还要从这个豁口吸入空气。动脉管壁的厚度不能成为我们认可这个观点的理由，即搏动力从心脏传递到动脉管壁使其膨胀，因为一些动物的动脉和静脉几乎相同，而且在人体的末端，例如大脑、手等等，人们也无法分辨动脉和静脉，它们的管壁是相同的。另外，动脉受伤或是被腐蚀之后长出来的动脉瘤（Aneurism）也有和动脉相同的脉搏，但是它并没有像动脉那样的管壁。博学多识的里奥朗（Johan Riolanus, 1577？—1657）和我一起见证过这个现象，参见他著作的第7卷。另外，不能认为脉搏和呼吸都会随着身体的不同状态或强或弱，或快或慢，例如奔跑、愤怒、沐浴或其他与热有关的事物都会影响脉搏和呼吸，就凭此认为两者是出于相同的原因，具有相同的功用。不仅有实验结论与此相反（尽管盖伦试图辩解）：在过度充盈的动脉中，脉搏更强烈而呼吸更微弱；而且在小孩身上，脉搏较快，呼吸较慢。同样地，在精神上感到害怕、担忧和焦虑时，以及某些发烧的情况下，脉搏又快又急，而呼吸的频率则更加平缓。关于动脉的搏动和功用一直存在着这些无法调和的观点，同样，对于心脏的搏动和功用的传统看法中也有着剪不断理还乱的困难。他们普遍认同心脏是生命精气的源泉和加工厂，生命精气为全身各部分注入活力（vita），但他们不认同右心室制造了精气，认为右心室只是为肺部提供营养（alimentum）。他们提供论据说，鱼类没有右心室（无肺动物的确都没有右心室），所以右心室仅仅是为了肺而建造的。

1. 试问既然两个心室的组成是一样的，它们的纤维、肌腱、瓣膜、血管和心房的构造都是一样的。在解剖的过程中，两者都充满了血液，呈现出黑色的凝固状态。既然如此，两者的行动、运动和搏动都是一样的，为什么我们要设想它们的功用是不一样的呢？如果位于右心室入口的三尖瓣是为了阻挡血液流回腔静脉，位于肺动脉入口的三个半月瓣也是为了阻挡血液流回右心室，当我们发现左心室的瓣膜与它们是如此相似，我们难道要否认前者也是为了调节血液的进出吗？

2. 既然我们已经看到，左右心室的瓣膜在各个方面都几乎一样，大小、形状、位置，那为什么说左心室的瓣膜是用来调节精气的进出，而右心室的瓣膜针对的是血液呢？相同的器官（organum）[1]似乎并不能同等地适用于调节血液和精气两种不同物质的运动。

3. 既然肺动脉和肺静脉在大小上相互关联，也就是动脉式

---

1. 与现代生物学对"器官"的界定不同，organum 的原意是"工具"，在这里可以广泛地指称身体各个部位具有一定功能的构造，如此处的"瓣膜"。——译者注

静脉（vena arteriosa）和静脉式动脉（arteria venosa）[1]，那为什么我们认定其中一个具有特定的功用，即营养肺部，而另一个具有普遍的功用？

4. 以及，正如科伦坡所说，营养肺怎么可能需要如此巨大的血量？通向肺的血管，即肺动脉，比腔静脉的分支股静脉的两倍还要大。

5. 我还想问，既然肺离心脏这么近，肺动脉又这么大，它们一刻不停地在运动，那么右心房的搏动是为了什么？自然又有何必要仅仅为了营养肺多加一个心室？

根据传统的说法，左心室从肺接收空气，从右心窦接收血液，合成精气，并将富含精气的血液输送进主动脉，将烟气通过肺静脉返回肺，将精气送入主动脉。如果是这样的话，心脏如何把烟气和精气区分开？两者又是如何交叉通过而没有混合？如果说二尖瓣不会阻止烟气回到肺部，那么它们怎么又能阻止空气返回呢？以及在心脏舒张时，半月瓣又如何阻止精气从主动脉返回心脏？还有，传统上认为富含精气的血液从左心室经由肺静脉流动到肺部，无论是以怎样的方式，二尖瓣难道不会从中阻挡吗？按照他们的断言，空气正是经由这条通道从肺部进入左心室，二尖瓣的作用就是阻挡空气的回流。天哪，二尖瓣怎么会只阻挡空气而不阻挡血液呢？再者，肺动脉（动脉式静脉）具有动脉的管

---

1. 肺动脉和肺静脉在那个时期普遍被称作"动脉式静脉"和"静脉式动脉"，值得注意的是，肺动脉属于静脉，肺静脉属于动脉。——译者注

壁，管道粗大，他们却认定它只有营养肺部这一个功用；而肺静脉（静脉式动脉）具有静脉的管壁，柔弱而松弛，他们却认为它有好几个——三到四个不同的功用？根据他们的说法，空气从肺进入左心室要经过肺静脉；烟气从左心室返回肺要经过肺静脉；一部分富含精气的血液从左心室分配给肺也要经过肺静脉，精气为肺注入活力。他们让同样的管道既要往外送烟气，又要往里送空气，但自然从不会为相反的运动和功用只建造一条管道、设定一条路径，这在别处也从未见过。

如果他们坚持烟气和空气就是走的这条通道，就像在肺的支气管中那样，那么为什么在切开肺静脉的时候没有发现空气和烟气？我们在肺部能发现残余的空气，可为什么肺静脉总是充满浓稠的血液，而不是充满空气？

如果有人试做盖伦的实验，切断一只活狗的气管，往肺里猛灌空气，绑紧气管。然后切开狗的胸部，他会发现肺里有大量的空气，即使在最末端的腔体里都充满了空气，但是肺静脉和左心房里没有一丝空气。其实这个基于活狗的实验可以得到更多的结论，探明心脏是否从肺吸收了空气，或者说肺是否向心脏传输了空气。但如果在解剖室做这个实验，往尸体的肺里充气，任何人都不会怀疑空气只有这一条路径，难道还有别的路径？他们非常确信肺静脉的功用就是为了向心脏传输空气，法布里修斯甚至断言，整个肺就是为了这条管道而生，肺静脉是肺最核心的结构。

但我还是想问，如果肺静脉是为了传输空气而造，那它为什么具有血管的结构？

如果要传输空气，自然会造一条环状的管道，实际上支气管就是如此。它需要保持通畅，因而不能轻易被压扁；它需要避开血液，否则液体会阻碍气体的流通。当肺生病时，肺的通道阻塞了或者有痰进入支气管时，我们的呼吸就会带有嘶嘶的杂音，这是很明显的。

还有一种观点更加难以接受，在预设空气和血液是合成生命精气的必要物质之后，他们断言血液是通过心脏中隔不可见的小孔从右心室渗透到左心室，而空气则是通过一根较大的血管——肺静脉，从肺流向左心室。这样一来，为了能更好地传输血液，心脏隔膜上的小孔数量就要更多。但这些小孔并不存在，我们也无法在演示中指出它们。

由于心脏的隔膜较厚，比除了骨骼和神经的身体其他部分都更为致密，因而如果隔膜上有小孔，在左右两个心室同步舒张的情况下，它们是如何从另一个那里吸入物质，也就是说左心室是如何从右心室吸入血液的？比起让我相信左心室从右心室吸入血液，为什么不让我相信右心室从左心室吸入精气？在这个过程中，血液从隐秘的通道便捷地进入心脏，而空气则通过非常公开可见的方式进入，这是多么令人惊奇而又不协调的事。因此我想问，为什么他们宁愿选择不可见的、不确定的、隐秘的小孔作为血液到达左心室的通道，而放着肺静脉那条公开可见的通道不要呢？这的确非常困扰我，为什么他们宁可从心脏隔膜这样坚实且致密的事物上发明或者编造一条血液流通的路径，也不愿意通过公开可见的肺静脉，或者说选择肺脏这样稀松柔软、像海绵一样的事物作为血液的通道？另外，如果血液可以从隔膜通过，或者说可以被心室吸入，那么给心脏及其隔膜提供血液的冠状动脉和静脉分支又有什么必要存在？更加至关重要的是，我们观察到在胎儿的身体上，所有组织都更加疏松和柔软，自然仍要很费力地把血液从腔静脉、肺静脉带到卵圆孔，进入左心室，怎么可能在身体长大，组织变得更厚实之后，自然反而很便捷地让血液没有任何阻力地通过心脏隔膜呢？

劳伦修斯（Andreas Laurentius，1558—1609）[1]基于盖伦的权威著作[2]和霍勒留斯（Jacob Hollerius，约1504—1562）的实验指出并验证：病人产生的脓水可以进入胸腔，通过肺静脉进入左心室和动脉，然后随尿和粪便排出。实际上，劳伦修斯引证的是一个忧郁症患者，他发病时会昏迷，当排出一种浑浊和酸臭的尿液之后发病就会停止。他最后因病去世，在解剖时，他的膀胱和肾脏中都没有之前尿液里的物质，但是在左心室和胸腔里却遗留了很多。劳伦修斯自称他预言了这种疾病的原因，但我只是想知道，既然他已经猜到和预测了异质的事物可以进入肺静脉，那么为什么他没有认识到，也不会强调血液本质上也是通过同样的方式从肺流向左心室？

由上可知，如果仔细考察，就会很明显地发现此前关于心脏和动脉的运动和功用的种种说法是不融贯的、模糊不清的，甚至

---

1. 第9卷第11章第12问。
2. 《论生病的部位》（*De locis affectis*），第6卷第7章。

是不可能的。因此，我们应当更加深入地研究这个问题，不仅要考察人，还要考察所有具有心脏的动物，通过大量的活体解剖和亲眼观察来探究心脏和动脉的真相。

01

第一章

作者写作的动机

当我首次明确地通过大量的活体解剖来探究动物心脏运动的功用和适用性,并努力根据亲眼观察,而不是前人的著作来思考问题时,我发现这项工作是如此的困难,以至于我与法兰卡斯特罗(Girolamo Fracastoro,1476—1553)有同样的想法,认为只有上帝才能理解心脏的运动。我既不能正确地分辨收缩和舒张的方式,也无法得知收缩和膨胀是在何时何地发生的。这是由于心脏的运动太快了,许多动物的心跳一眨眼之间就完成了,如同闪电一般,因此我时而观察到心脏的一边收缩另一边舒张,时而观察到相反的情况,时而观察到多种多样的运动,时而它们又混合在一起。我的思绪如同迷失在大海,我自己无法得出结论,也无法向他人澄清。至于劳伦修斯把心脏的运动描述成亚里士多德所说的河流潮汐运动,我也并不感到奇怪。

最终,通过更加广泛而细致的探究,频繁地解剖不同的活体动物,以及对大量观察的整理,我想我已经达到了我的目的,理清了这一团乱麻,获得了关于心脏——以及目前为止所需的——关于动脉的运动和功用的知识。于是我毫不犹豫地发表了我的观点，无论是向私下的朋友还是在公共的解剖学讲座。

正如预料中的那样，一些人乐于接受我的观点，另一些人则并非如此。后者对我的观点断章取义，充满误解，抨击我偏离了解剖学家群体的信念和规范；前者则希望我能对这个新奇的观点做更充分的解释，他们声称这值得进一步研究，在实践上也将大有裨益。最终，在朋友们的请求下，我决定出版这些内容。这些朋友中的大部分参与了我的工作，也有一小部分带有恶意，对我的观点抱有偏见，试图公开嘲笑我。现在所有人都可以根据这本书自由地对我和这些观点进行评价。不过，我很庆幸我的工作是基于法布里修斯，他已经在著作中细致又专业地梳理过动物体内几乎所有部分，只剩下心脏还未涉及。最后，如果我的书能对学术共同体有一些益处，或许可以认为我创造了一些价值，没有虚度此生，就像戏剧中老者的话：

> 天下没有完满的生活，
> 但环境、时光和经历会让你不断更新；
> 你将不再知晓你曾熟悉的真理，
> 你也将会放弃你曾坚信的至善。

目前这本书关于心脏运动的讨论也许是正确的，或者至少可以提供一个契机，引领其他人发挥他们更加饱满的才智，进行更加细致深入的研究。

02

第二章

从活体解剖得知心脏的运动方式

首先，在动物存活的时候打开它们的胸部和包裹心脏那层膜，立即观察心脏，你会看到心脏时而跳动，时而停歇，跳动和停歇都会持续一段时间。

这个现象在冷血动物的心脏中表现得很明显，例如蟾蜍、蛇、青蛙、蜗牛、龙虾、贝类、虾类还有各种形式的小鱼。在温血动物里更明显，例如狗和猪。随着心脏的逐渐衰亡和心跳的平息，生命慢慢死亡。在这个过程中如果你注意观察，可以清楚地看到心脏的跳动变得更缓和，频率更慢，跳动的间歇也持续得更长。此时你能够更容易地观察和分辨心脏跳动的方式和停歇的方式。心脏停歇和停止跳动时是松弛、疲软的，如同在休息。

关于心脏跳动期间，主要可以观察到以下三点[1]：

1. 心脏竖立起来，将自己向上抬升，形成一个尖儿，由于它的搏动击打着胸部，所以在体外也能感受到。

2. 心脏的各个方向都在收缩，尤其是横截面，心脏从而变得

----

1. 实际上是四点。——译者注

更瘦、更长、更紧绷。将鳗鱼的心脏从体内取出，放在板子上或者手上就能看出这一点，小鱼的心脏以及那些冷血动物的心脏也很明显，它们的心脏形状更尖、更长。

3. 当心脏跳动时我们用手去抓它，会感觉到心脏变得更硬。这种坚硬是由于紧绷。就像当一个人用右手抓紧左前臂的肌腱，随着左手手指不停地运动，右手就会感觉到来自左臂肌腱的紧张和阻力。

4. 可以更进一步地观察到，在鱼类和诸如蛇、蛙这样的冷血动物中，心脏跳动时颜色会发白，停歇时则呈现饱满的血红色。

由此我认为心脏的跳动是各个部分由于纤维的收缩和牵拉而收紧，因为心脏在每一次跳动时都竖立起来，变得更有力、细长和坚硬。心脏的运动就像肌肉的运动一样，肌肉由于肌腱和纤维的牵拉而收缩，肌肉在行动时（in actio）变得更有力、更紧绷，从柔软变得坚硬，变得更雄壮和厚实。心脏也是如此。

从这些观察中我们有充分的理由得出心脏跳动期间经历了收缩、心脏壁增厚、心室容量减小、向外推送血液。第四个观察清楚地说明了这一点，心脏在收紧的过程中发白，就是将其中的血液挤压出来，等心脏舒张、放松之后，又恢复了血液的深红色。这一事实毋庸置疑，因为当刺破心室，你会看到心脏的每一次搏动和收缩都有血液从中喷出。

因此以下几件事情是同时发生的：心脏的收紧、心尖的竖立、搏动感（由于心脏击打着胸腔，因而在体外也能感觉到）、心室壁的增厚，以及心室收缩造成的有力地泵血。

这一结论正好与传统的观点相反。传统观点认为我们在体外感受到的心脏搏动是由于心室充满血液而膨胀，然后击打胸腔。不过心室收缩时是空的这一点倒是正确的。所以人们通常认为的舒张，其实是收缩。因此正确的说法应该是：心脏的运动是收缩而不是舒张。心脏是在收缩期获得力量，而不是在舒张期；正是在收缩期，心脏收紧、搏动，变得更加有力。

我们不应该认同以下观点：心脏只在竖直方向运动，心脏的尖端被纤维拉到了底端，心脏的横截面则向外膨胀，形成了葫芦的形状，由此心室容积扩大，吸入血液。尽管伟大的维萨留斯（Andreas Vesalius，1514—1564）支持过这个观点，他用柳条编成金字塔的形状，从顶部向底部施力，柳条就会弯曲成弓形，金字塔会呈杯状。真实的情况是，心脏各个方向都受到了纤维的拉力，心脏变硬变紧实。只有心脏的外壁变厚和膨胀，心室的容量并没有扩展。随着纤维将心尖拉到了底端，心脏的横截面并没有凸成一个环状，而是相反，所有的纤维原本环绕着心脏分布，在收缩时都抻直了，就像肌肉的纤维在收缩时长度变短，但横截面扩展，和肌肉变化的方式一样，也变得厚实了。另外，心室的收缩不仅是心脏外壁的增厚和竖立，而且是心脏内壁的收缩。心脏内壁那些亚里士多德称为"神经"的纤维或小的肌腱，不像心脏外壁那样有弧度，而是直的（它们在更大型的动物心脏里会稍有不同）。它们以一种最完美的排列共同束紧，像套索一样，为心脏泵血提供强大的力量。

还有一种传统观点也是不正确的，认为心脏运动时通过（无论任何方式的）膨胀主动将血液吸入心室；但真实情况是心脏运动时通过收缩把血液挤出心室，在收缩后的间歇时心脏放松、舒张，血液在这个期间才流入心室，接下来将阐明这一过程。

03

第三章

从活体解剖得知动脉的运动方式

为了进一步拓展对心脏运动的观察，我们可以关注动脉的运动和搏动。

1. 当心脏收缩，击打胸部，处于明显的收缩期，此时动脉充盈，产生了搏动，处于动脉的舒张期。同样地，当右心室向外挤出血液，肺动脉膨胀并搏动，像身体中的其他动脉那样。

2. 当左心室停止搏动，动脉也会停止，甚至是在心脏搏动变得平缓的时候，动脉的搏动就很难察觉到了。右心室和肺动脉的情况也是如此。

3. 如果割破或者刺穿动脉，那么每一次左心室收缩的时候血液都会从伤口喷涌而出。同样，如果割破肺动脉，也会看到相同的景象。

同样地，如果对鱼进行活体解剖，割破连接心脏和鳃的血管，你会看到心脏收缩时血液从伤口有力地喷射出来。

还有，当划开任何一条动脉，从中涌出的血液都会时近时远，血液的喷涌和动脉的舒张是同步的。此时心脏收缩，击打胸部，处于收缩期，血液正是在这个时刻向外喷涌。

由此我们可以清楚地得知，与传统观点不同，动脉的舒张和心脏的收缩是同步的，动脉充盈和膨胀的原因是心室收缩将血液挤入动脉，而且，动脉的充盈是像酒囊或水袋那样被填满，而不是像风箱那样被吹鼓。全身的动脉由于左心室的收缩而搏动，出于相同的原因，肺动脉的搏动来自右心室的收缩。

最后，动脉的搏动来自左心室血液的冲击。我们可以想象，如果对着手套吹气，手套的五个指套会同时鼓起来；同样的道理，动脉的搏动会随着心脏搏动的变化而变化，心跳越强烈、急促，动脉的搏动就越有力、越快速，同时在节奏、容量和变化秩序上和心脏的搏动保持一致。

我们不能认为，由于血液的移动需要时间，所以在心脏收缩和动脉膨胀之间会有一个延迟（尤其是那些离心脏较远的动脉），两者不是同时发生的。例如巴松这种乐器（还有鼓、长的木头），当我们敲击一端，另一端也会同时有反应；往手套或者皮袋子里吹气也是类似的情况。因此亚里士多德说："所有动物的血液都在动脉（vena，'静脉'，这里指的是动脉）中流动，以搏动的方式运动至全身：因此所有的动脉连续不断地同步搏动，因为它们依赖于心脏。心脏不停地搏动，动脉也不停地搏动，跟随着心脏的节奏搏动。"[1]

值得注意的是，我们从盖伦那里知道，古代哲学家把动脉称作

---

1. 《动物志》（*Historia Animalium*）第 3 卷第 19 章；《论呼吸》（*De respiratione*）第 15 章。

"vena"。我某次偶然经手了一个案例，清楚明白地向我展示了动脉的运动方式。那个病人的脖子右侧有一个很大的肿包，在锁骨到腋窝之间的动脉附近，我们是在他去世之后解剖他的身体发现的。这是一个动脉瘤，由于血管自身的腐坏而形成，随着心脏每一次跳动，动脉血都会挤入瘤中，因而这个动脉瘤一天天不断长大。他手臂上的脉搏已经非常微弱，因为更多的血液都流进了动脉瘤，正常动脉中的血液就越来越稀少。

无论我们挤压、阻塞或是拦截哪个位置的动脉血流，更远端的脉搏都会变微弱，因为脉搏无非就是血液对动脉的冲击，别无其他。

04

第四章

从活体解剖得知心脏和心房的运动方式

除了上述内容之外，我们要了解心脏，还需要观察心房[1]的功用。许多博学多识的学者和高明的解剖学家都告诉过我们[2]，如果在活体解剖中对动物的心脏有充分的观察，你就会看到四种运动：两种心房的运动，两种心室的运动，它们分别发生在不同的时间和位置。但他们这么说是不准确的，四种运动的位置不同，但发生时间并没有四段。因为两个心房同时运动，两个心室同时运动，因此四种运动只在位置上有分别，但时间上只分为两段。详情如下：

心房和心室两种不同的运动看似是同时发生，但真实情况是，心房的运动在先，心室的运动在后。可以看到心脏的搏动从心房开始，然后传递到心室。随着心脏逐渐死亡，所有部分都开始衰竭，如同在鱼类和其他冷血动物中所见，心房和心室的运动

---

1. 在哈维所处的时代，心脏（heart、cor）一般指心室，不包括心房，心房属于大动脉和大静脉的一部分。在本书中，"心脏"一词有时指心室，有时指心室和心房的共同体。——译者注
2. 例如博安《解剖学大全》(Gaspar Baubinus, *P.C.Anatomy*) 第2卷第21章；里奥朗《人类学》(*Anthropologia*) 第3卷第12章。

之间会有短暂的停顿，而后心脏好像被唤醒一样，仿佛是在回应心房的运动，开始还比较快，后来越来越慢，最后逐渐停止，不再完整地回应心房的运动，只是心尖微动，几乎察觉不到，好像只是在给心房一个自己已经动过了的标示。因此，心脏比心房更早停止运动，所以人们才说心房的寿命比心脏长。左心室最先衰竭，然后是左心房，随后是右心室，（根据盖伦的观察）到最后心脏的其余部分都不再运动，走向死亡，此时右心房仍然在跳动。在心脏一点点衰竭的过程中，你会看到心房跳动两下或三下之后，心脏有时会被唤醒，有所回应，非常缓慢而艰难地跳动一下。

特别值得注意的是，在心脏衰竭而心房仍在跳动的时候，如果将手指放在心室壁上，可以感觉到心室的振动，就像我们在脉搏上感觉到的一样，即由于心室的搏动，血液冲击动脉带来的扩张。而此时，只有心房在搏动，如果我们用剪刀剪断心房和心室之间的连接，可以看到血液会随着心房的每次搏动流出来。由此可以看出，血液进入心室的方式不是通过心室自身的吸收，而是通过心房的搏动所输送。

我们还可以观察到，所有我称为搏动的运动，不管是心房的还是心脏的，都是收缩运动。可以明显地看到，心房先收缩，然后心脏自身收缩。心房搏动时会变白，尤其是在含血量较少的部分。（心房膨胀时就像一个血液储藏室或者血池，血液在静脉的压缩运动下自然地向中心流动）实际上心房收缩时，心房边缘和端部发白得很明显。

鱼、蛙之类的动物只有一个心室，为了代替心房，它们体内有一个类似水袋的膜囊结构位于心脏的底部，这一囊状物充满血液，你会非常明显地看到它率先收缩，然后心脏随之收缩。

尽管如此，我要举一个不符合上述结论的例子：在鳗鱼以及其他一些鱼类和（甚至更高级的）动物身体里，心脏被单独摘取出来，缺失了心房还能跳动；而且，如果把鳗鱼的心脏切分成好几份，你会看到它们每一份还在交替收缩和舒张，先是心房，然后是心脏。这或许仅适用于这类生命力顽强、表面黏稠、肥胖笨拙、在水里行动迟缓的动物。这种现象也出现在鳗鱼的肉体上，将它们剥去皮肤，开膛破肚，切分成块，它们的肌肉仍然能活动。

有一个十分确凿的实验：在鸽子的心脏完全停止跳动，甚至心房也几乎停跳之后，我用一些唾沫沾湿并焐热我的手指，然后放置在其心脏上。受到刺激之后，鸽子仿佛恢复了活力，它的心脏和心房重新开始搏动，收缩而后松弛，就像是死而复生。

除此之外，我经常观察到在心脏甚至心房都完全停止跳动的时刻，右心房里的血液还有隐隐可见的运动，是一种轻微的波动或颤抖。只要血液中仍然含有热和精气，波动就会持续。

类似的情况可以从刚出生的动物里看出。其中最明显的就是小鸡孵化的头七天里，首先出现的是一滴血。亚里士多德也曾注意到，这滴血在跳动，并且不断增大。然后小鸡的各个部分逐渐形成，心房先形成，它的持续跳动显示着生命的延续。几天之后开始出现小鸡的轮廓，心脏也开始形成，但是这段时间的心脏发白，没有血液，也没有搏动，像身体的其余的部分那样。我在三个月大的胎儿中也见过此种情景，即心脏已经成形，但里面没有血液，呈现出白色；而心房里却储藏了大量的血液，呈深红色。因此这就像鸡蛋里新生的小鸡逐渐长大成形一样，心脏也是逐渐长大，形成了心室之后才能接收和传输血液。

因此，如果一个人深入研究过这些问题，他就不会认为心脏是最先形成的部分和最后死去的部分。这个部分应该是心房（在蛇、鱼和类似的动物中是相当于心房的结构），它们先于心脏获得生命，比心脏更迟死亡。

实际上，精气和血液是否在心房和心室形成之前就有微弱的运动，在它们死后仍然保留，或者说生命是否是由这样的跳动开始的，这仍然存在疑问，因为所有动物的精液和大量的精气都是在一种搏动之后离开身体，仿佛它们自己就是一只动物。所以死亡的本质其实是发育阶段的倒退，是自然将她自己带回她最初的开端。正如亚里士多德在《论动物的运动》（*De motu Animalium*）第 8 章所说，死亡的过程是从生长发育的最终状态退化到生命刚开始的状态。动物的诞生，是从无生命到有生命，从无形到有形；衰亡的阶段则是相对应的：从有形到无形。因此，动物体内最后形成的部分最先死亡，最先形成的部分最后死亡。

我还观察到所有动物都有心脏，不仅是那些（亚里士多德所说的）体形较大、有血液的动物，也包括那些体形更小的和无血液的动物，以及有壳或无壳的甲壳类动物，比如蛞蝓、蜗牛、螃蟹、龙虾、虾等等很多；另外，我曾利用放大镜观察黄蜂、马蜂和苍蝇所谓的尾巴，在尾巴上端我看到心脏的跳动，并且指给其他人看过。

不过在无血动物中，心脏搏动很微弱，有较长的间隔，收缩的过程也很迟缓，就像是其他动物临近死亡时心脏的状态，这一点在蜗牛那里非常明显。从蜗牛顶端相当于肝脏的部位附近解剖它，可以看到它的心脏位于身体右侧的一个孔底，蜗牛通过这个小孔的敞开和闭合进行呼吸以及排出体内黏液。

我们可以观察到一些无血动物（例如蜗牛）在冬天或者相对较冷的季节里没有心跳，像植物一样，很多这类动物就是出于这个原因被称作"植物动物"（Plant-animalia）。我们还可以观察到在所有具有心脏和心房（或者相当于心房的结构）的动物中，只要有两个心室的，一定有两个对应的心房；但是反过来却不一定，有两个心房的，不一定有两个心室。但是如果你看看鸡蛋里的小鸡，最开始只有一个囊或者血袋子在跳动，也就是我之前说过的一滴血，这个血袋子越来越大然后逐渐形成了心脏。因此在一些没有那么完善、那么高级的动物中，例如蜜蜂、黄蜂、蜗牛、虾、龙虾等等，这个血袋子就是它们生命的本原，像一个红点或者白点。

有一种非常小的虾，在方言里叫作 garneel，全身都是透明的，在海里或者泰晤士河里可以抓到。我经常会把它们放在水里展示给我最亲近的朋友，它的皮和肉阻挡不了我们的视线，我们就像透过窗户一样，可以非常清晰地观察到它心脏的运动。我也向朋友展示过刚诞下四五天的鸡蛋，剥开外面的蛋壳后，把鸡蛋放进干净的温水中，它就像一小团云，在小云中心有一个血点在跳动，那血点非常小，以至于当它收缩时我们就看不见了，当它舒张时，一个小红点才重新进入我们的视野，就像针眼一般。它一会儿看得见一会儿看不见，仿佛一会儿存在一会儿不存在，这表明它在跳动，生命由此开始。

05

第五章

心脏的运动、行动和功能

根据上文所述以及类似的观察，我确信心脏的运动方式如下：

　　首先，心房自身收缩（心房是静脉的出口，是血液的储藏室），将饱满的血液挤入心室。此时心室充满血液，然后心脏马上竖立起来，绷紧所有纤维，收缩心室，形成了一次搏动。通过搏动，心室把从心房那里接收的血液持续地推入动脉，右心室通过肺动脉把血液推入肺，肺动脉虽然称作"动脉式静脉"，但是它的结构、功能以及其他特征都和动脉一样。左心室则把血液送往主动脉，再由其余动脉送往全身。

　　这两种运动，即心房的运动和心室的运动构成了一个连续的运动，保持着特定的和谐和节奏，仿佛是同时发生，看上去就只有一种运动，尤其是在体温更高的动物中，非常快速地就完成了一次运动。心脏就像是一台机械，一个齿轮带动了另一个齿轮，看上去就像所有齿轮同时在转动；或者说类似火枪的机制，当扣动扳机，在弹簧的作用下，燧石重重地打在火门边上，冒出火星，引燃火药，火焰冲进枪膛，引发子弹射出，击中目标。所有运动都太快了，一眨眼就完成了。吞咽的动作也是如此。舌根上抬，食物或饮料进入喉头；在肌肉的控制下，会厌向下，盖住气管，同时肌肉牵引食道顶部打开，就像提着一个布袋等着往里装东西一样。横向的肌肉把食物和饮料往下压，纵向的肌肉则把它们往下拉。尽管这个运动是由不同的甚至相反的器官所完成，然而它们和谐有序，看上去就像是进行了一次单一的运动和行动，即"吞咽"。

很显然，心脏的运动和行动也是这样的，血液从静脉转移到动脉也是一种吞咽。如果任何人在活体解剖中小心谨慎地观察和研究心脏的运动，那么他不仅会看到我之前说的，心脏竖立自己并和心房共同完成了一个连续的运动，他还会看到一个特别的运动，即心脏模糊地颤动并向右心室倾斜，这个过程使得心脏轻微地扭曲。我们在马匹饮水时会看到，它每吞咽一口水，水通过食道进入腹部都会发出一种特定的响声，马也会呈现一个肉眼可见的颤抖。同理，当一定量的血液从静脉传输到动脉，靠近胸部也能听见这声搏动。

心脏的运动方式就是这样。心脏的行动之一就是通过动脉输送和推进血液。因此我们感觉到的脉搏，本质就是在心脏的作用下血液对血管的冲击。

我们无法肯定，心脏除了转移血液，推进血液和将之输送到全身各处以外，还有没有赋予血液其他东西，比如热、精气或完善。我们必须通过进一步的追问和更多的观察来回答这个问题。目前能够得到充分说明的就是心脏通过搏动将血液从静脉经由心室转移到动脉，再输送至全身。

无论从心脏的结构，还是瓣膜的形状、位置和功用都能推断出这些结论，但有些人仍然像是失明的人在黑暗中摸索，像我们之前说过的那样，随意地提出一些相互矛盾、互不协调的结论。

在我看来，造成这些疑惑和误解的主要原因在于心肺之间存在紧密关联。他们能够观察到肺动脉和肺静脉从心脏连接到肺，但他们却无法解答右心室如何将血液传输到全身，抑或是左心室如何从腔静脉中吸入血液。盖伦的话可以说明这一点，他针对埃拉西斯特拉图斯关于静脉的起点和功用，以及血液的调和（coctio）问题反驳道："你会说这一切都是安排好的，血液从肝脏产生，被传输到心脏，在心脏获得了恰当的形式和最大程度的完善。这种说法看似没什么问题，因为没有完美或至善的事物是一次做成的，没有事物只用一件工具就能打磨得很精致。但如果这一切如你所说，那就让我们看到动脉之外的另一条血管，从心脏接收最完善的血液，像动脉接收完善的精气并传输到全身那样。"[1]

在这里我们可以看到盖伦提出反对意见的理由（除了没看到那条另外的通道以外），是因为他无法找到将血液从心脏输送至全身的管道。

然而，如果有任何人（包括我自己）想要为埃拉西斯特拉图斯的观点提供辩护（盖伦自己也承认，这个观点在其他方面是合理的），那就可以指出大动脉，因为那就是把血液从心脏传输到全身的通道。这位伟大不朽、才智无双、博学多识的盖伦将会如

---

1. 《论柏拉图和希波克拉底的诸种学说》（*De Placitis Hippocratis & Platonis*）第6章。

何作答呢？我很好奇他为什么会说动脉只传输精气而不传输血液。很显然，他不仅无法凭借这一点充分地反驳埃拉西斯特拉图斯（因为后者的确设想动脉里只有精气），而且他同时也自相矛盾了，他否认了他自己曾在某本书中（同样是为了反驳埃拉西斯特拉图斯）坚称动脉里本质上只有血液，没有精气的观点。他曾提供了大量强有力的论证，也展示了许多实验来支撑这个观点。

　　但是如果伟大的盖伦像他在多数地方表达的那样，同意身体中所有的动脉都是主动脉的分支，都来自心脏，而且也同意主动脉入口的三个半月瓣阻挡了血液倒流回心脏，那么如果不是出于特定的目的，如何解释自然在我们体内做了如此精妙的安排？我的意思是，如果这位医学之父认同这些观点，即他在《论柏拉图和希波克拉底的诸种学说》中所说，那么我不明白他如何能否认主动脉正是那条将完美的血液从心脏输送到全身的通道。也许他仍然有疑惑，就像直到今天他的所有追随者一样，因为他没有解开心肺之间的紧密联系，不了解血液是怎么从静脉转运到动脉的。这个难题对于解剖学家来说是个不小的麻烦，因为他们总是在解剖时发现肺静脉和左心室充满了浓稠的黑血，所以他们不得不同意血液是通过心室中隔小孔从右心室渗透到了左心室。而这一点我已经充分地反驳过了，因此我相信一定会有另一条公开可见的通道，使得我前面对于心脏搏动和脉搏本质的结论不会被推翻。

06

第六章

血液从腔静脉到动脉、

从右心室到左心室的路径

人体内复杂的心肺关系使一些解剖学家误入歧途，他们只解剖一种动物，即人，而且是死去的人，就试图理解和阐释所有动物关于这个部分的知识。这种做法是用特殊充当普遍，就像有人只考察了一种政府形式就想建构出关于政治的学问，或者只考察了一片土地就想获得关于农业的知识。

假如他们像精通尸体解剖那样精通动物的活体解剖，那么他们所有人都困惑不已的这个难题将在我的观点中得到彻底的澄清。

首先，在鱼的身体里，这个过程非常清晰。鱼只有一个心室，而且没有肺，我们可以清楚地看到相当于心房的血袋子结构位于鱼心脏的底部，向心脏输送血液，随后心脏通过一条公开可见的管道将血液送出，这条管道相当于动脉。当我们切断鱼的动脉，血液会随着心脏的每次搏动向外涌出。

其次，同样可以很清楚地看到，在所有只有一个心室（或者相当于心室的部位）的动物体内，比如蟾蜍、青蛙、蛇和蜥蜴等等，尽管它们据说在某种意义上具有肺，因为它们能发出一种响声（我自己也观察过诸多这种肺的精妙结构，但与此处的论述无关）。我们可以亲眼看到，在这些动物体内，血液很明显地在心脏的搏动下从静脉流入了动脉，这条通道公开可见、清楚明白，没有任何可以质疑的地方。在人体内也是同样的情况，如果刺穿或者去除心脏中间的隔膜，使两个心室变成一个，我相信没有人会怀疑静脉的血液正是从这里传输到了动脉。

由于无肺的动物比有肺的动物更多，具有一个心室的动物比具有两个心室的动物更多，因此我们可以很确定地声称，在绝大部分动物中，血液就是通过心脏的腔体这条可见的通道从静脉传输到动脉。

不过，经过我的仔细观察，在那些有肺动物的胎儿中也可以清晰地看到这一点。

在胎儿体内，连接心脏的四条管道是连通的，即腔静脉、肺动脉、肺静脉和主动脉（也叫作大动脉 arteria magna），所有解剖学家都熟知，它们有所合流，而不是像在成人体内是分开的。

第一处连接合并是腔静脉和肺静脉。在腔静脉进入右心室、细分为冠状静脉之前，在腔静脉从肝脏出发往上一点点的地方，它在侧面开了一个宽大的、椭圆形的小孔，和肺静脉相通。丰沛的血液通过这个小孔从腔静脉自由地流向肺静脉，然后进入左心房和左心室。更重要的是，朝向肺静脉的小孔有一层很薄但很硬的膜，像一个盖子，比这个小孔更大。在胎儿成熟之后这个盖子就会盖住小孔，完全阻断这条通道，并且抹去它存在过的痕迹。因此我认为，胎儿体内的这层膜之所以是这样的构造，是凭借自重松弛地挂着，自然地朝向心脏和肺的方向，使得来自腔静脉的血液顺利通过，但无法倒流回腔静脉。因此我们有理由推断，胎儿的血液就是通过这个开口，从腔静脉源源不断地流进肺静脉，进入左心房；并且血液一旦通过，就不能再返回腔静脉。

另一股合流是肺动脉和主动脉。从右心房出发之后，肺动脉分为两条分支，第三条是类似动脉的一根导管，它不同于两条肺动脉，是从侧向插入主动脉。所以在解剖胎儿的时候，会发现两条主动脉，或者说主动脉有两个不同的源头。这根动脉导管（canalis arteriosus）同样在胎儿成熟之后会变窄、缩小，逐渐变成一个圆孔，最后会彻底地萎缩、消失，就像脐静脉那样。动脉导管内没有阻止血液倒流的膜，这个膜在肺动脉的入口（如上文所述，动脉导管相当于只是肺动脉的分支），由形如"Σ"的三片半月瓣组成，它们由里向外开放，血液能够很轻松地从右心室进入主动脉，相反的流动则会让它们紧紧地关闭，一切物质都无法从动脉或肺流回右心室。由此我们有理由推断，在胎儿体内，心脏收缩时，血液就是通过这个路径从右心室进入主动脉。

有一种传统观点认为，这两处如此大型、开阔、明显的合流仅仅只是为了营养肺，等到身体成熟以后（且不说成熟的肺由于更多的热和运动需要更大量的营养），这两处连接就会消失。这样的观点毫无道理，自相矛盾。还有一种误解认为胎儿的心脏并不运动，因此自然不得不制造这些连接来维持肺部运作。然而正如我们亲眼所见，不管是受孕鸡蛋中的小鸡，还是刚刚分娩的新生儿，他们都有很明显的心跳，与成年人的心跳无异。自然没有这么做的必要性。不仅是我亲自观察过许多这样的运动，而且伟大的亚里士多德也可以做证，他在《论气息》(De Spiritus)[1]第四节中说过："通过活体解剖和鸡蛋里正在成形的小鸡，我们可以发现心脏在最初形成的时候就在搏动。"除此之外，我们还观察到人体内和其他动物体内这些开阔自由的通道，并不是像解剖学家描述的那样，只存在到分娩的时刻，而是一直存在到出生后几个月，甚至在特定的动物中，如鹅、鹬等大部分鸟类及一些小型动物，这些通道在它们出生后几年都还存在，但并非一直存在于生命过程。也许就是这一点误导了波塔罗（Leonardo Botallo，1530—1587），他声称他发现了从腔静脉通往左心室的新通道，说实话，当我第一次在一只成年大老鼠体内发现这个连接时，我也得出了类似的结论。

这些事实充分表明对于人类胚胎中两组血管的连接是有目共睹的，这些连接甚至在其他动物的成年身体中也没有消失。心脏正是通过这些非常清晰可见的公开通道，在两个心室的运动下将腔静脉的血液传输到主动脉：右心室从右心房接收血液，然后通过肺动脉和它的分支，即所谓的"动脉导管"，将血液推送至主动脉；同时，左心室也以相同的方式在心房运动的作用下接收腔静脉的血液，但是从另一条路径，即先流入椭圆小孔，而后流入左心房。左心室通过收缩把血液挤入主动脉。

因此，胎儿体内的肺虽然不运动，也不起作用（actio），就

---

1. 目前学界普遍认为是亚里士多德伪作。——译者注

像不存在一样，但是自然运用两个心室传输血液，就好似只有一个心室那样。所以胎儿中有肺但不使用的情况，其实就和那些无肺的动物情况是一样的。

由此可见，目前我们已经探明，在人类胚胎和其他无肺的成年动物中，心脏通过搏动将腔静脉中的血液输送至主动脉，这些通道是开阔可见的，在人体中只要移除心脏中间的隔膜（如上文所述），两个心室就能宛如一个心室那样运作。心脏运输血液的这些开阔通道，在所有动物中都存在过一段时间，甚至是一直存在的，这引发我们继续追问一个问题，也可以说是两个问题：胚胎时期肺不具备功用，血液无法通过肺来转运，因而自然似乎不得不建造了那些通道。那为什么我们认定一些特定的温血动物（包括人）成年后，血液会像在胚胎时期一样不经过肺？或者也可以问，为什么当人类或一些动物成年以后，自然觉得关闭胚胎时期的这些通道会是更好的机制（因为自然总是选择最佳的机制）？自然在胚胎时期使用了它们，甚至在一些动物成年后也持续使用，那为什么她没有在人类成年后制造其他类似的血液通道代替它们，反而是抹除了它们？

至此，对于那些想要探明人体中血液从腔静脉到左心室和肺静脉的路径的人来说，假设他们是通过解剖活体动物来寻找答案，他们更应该探究或考虑的是，为什么在那些更大型、更完善的成年动物里，自然倾向于让血液从肺的薄壁组织（parenchyma）里滤过，而不是选择其他动物中那些开阔的通道（他们会意识到除此之外没有别的选择）？回答通常是因为更大型且更完善的动物具有更高的体温，当它们成年后，由于过高的体温容易窒息和发炎，因此热的血液从肺中通过，肺部通过呼吸获得的空气可以降低血液的温度，避免它过分沸腾，诸如此类。但是想要充分说明这一点，就要考察肺的构造。尽管我自己通过大量观察得出了很多结论，关于肺的运动和功用、整个通风系统、空气对人体的功用和必要性以及动物体内不同的相当于肺的部位，如此种种。但我不能远离了我的目标，偏离了我的意图，即考察心脏的运动和功用，反驳和推翻传统的观点。我之后会将跟肺有关的内容放在更恰当的著作中，在这里我要回到我最初的目标，继续论证：在更完善、更高级的成年动物（例如人类）中，血液通过肺动脉从右心室流向肺，通过肺静脉从肺流向左心房，然后进入左心室。接下来我将努力证实这一点。

07

第七章

血液从右心室出发，经过肺部薄壁组织，

流进肺静脉和左心室

众所周知，水渗透土壤，汇入溪流和泉水；汗液从皮肤中渗出，尿液从肾脏的薄壁组织中渗出，这些现象都是不容置疑的。如果有人饮用矿泉水，或者帕多瓦的"贵妇之水"（de la Madonna），以及其他含有盐和硫黄的水；或是有人喝了好几加仑的水，在一两个小时内这些水便成为尿液通过膀胱全部排出。如此大量的水经过一段时间的调和，然后进入肝脏（普遍认为我们消化吸收的营养液一天要流经两次肝脏），流经静脉、肾脏、输尿管，最后进入膀胱。

然而，我听说有人否认血液——实际上是全身所有的血液——可以通过肺组织，就像营养液通过肝脏一样，他们认为这不可能发生，感到难以置信。对于他们，我愿用诗歌来答复：他们喜欢什么，便发生什么；他们不喜欢什么，便不相信什么；需要他们的时候，他们不敢说话；不需要他们的时候，又装作胆子很大。肝和肾的薄壁组织都比肺要厚实得多，与前两者相比，后者更加轻薄、疏松，类似海绵。

肝脏中没有搏动，没有驱动力；肺脏中的血液则是被右心室所推动，这一驱动力必然会使肺脏中的血管和孔隙也随之膨胀。除此之外，肺随着呼吸起伏交错[1]，肺中的血管和孔隙也必然随之一张一合，就像海绵一样，任何海绵材质的东西在压缩之后都会膨胀。肝脏与之相反，一直处于休息状态，任何时候都无法观察到肝的收缩和扩张。

最后，关于肝脏有一点是可以达成共识的，那就是我们摄入的所有食物转化成的营养液都会进入腔静脉，在人类、牛，以及更大的动物中都是如此。因为静脉就是用于营养的，营养液总是要通过某种渠道进入静脉，而除此之外并无其他通道，出于此，人们不得不承认营养液直接从肝脏进入静脉。那么他们为什么不相信，出于同样的道理，血液也能进入成年人的肺呢？科伦坡这位技艺精湛且学识渊博的解剖学家也断言过这个观点。根据肺部的结构和大小，以及肺静脉总是和心室一样充满血液的事实，必然只能得出静脉的血液是通过肺来到心室这个结论。我们和科伦坡都是通过上述理由以及亲眼所见，外加其他的论证最终确信了这个事实。

然而，总是有人只愿意相信权威，他们应当知道，盖伦本人的话也揭示了这个事实。盖伦不仅说过，血液从肺动脉传输至肺静脉，而后进入左心室，最后进入动脉；他还表示这些都是在心脏的连续搏动和呼吸带给肺的运动中完成的。在肺动脉入口，有三片形似"Σ"或月牙的瓣膜，众所周知，它们阻拦了进入肺动

---

1. 盖伦《论身体各部分的功用》（*De usu partium*）。

脉的血液返回心脏。盖伦说明了这些瓣膜的功用和必要性[1]："动静脉之间存在相互吻合的交汇处（anastomosis），两者在此通过非常细微而不可见的通道互换精气和血液。但是如果肺动脉的入口总是保持开放，如果自然不设置机制让它在需要时关闭，那么当胸腔压缩时，血液就无法通过那些不可见的细微小孔进入肺静脉。然而，无论是吸入还是推出都不是单一的方式，一方面，在容器扩张或收缩时，轻的事物比重的事物更容易被吸入，也更容易被排出；另一方面，粗的管道比细的管道吸收能力强，排出物质的能力也更强。当胸腔压缩时，肺脏中的肺静脉从各个方向上收缩，快速地挤出其中包含的精气，同时又从那些细微小孔中接收一部分血液。如果血液能够从肺动脉入口的宽敞通道中返回，那么这一切就不可能发生。现实中，血液返回的通道关闭，它们才有可能在肺静脉收缩时从小孔中进入。"在稍后的部分，盖伦又写道："胸腔在多大程度上挤压血液，那三片半月瓣就在多大程度上保持关闭，没有物质能够返回。"在该书第 10 章靠前一点的地方，盖伦也写道："如果没有这些瓣膜，将会有三个层次的不适宜。第一个是造成血液在肺动脉中长时间无意义的运行。因为血液会在肺部扩张的时候正常往前推进，填满肺部的血管，但在肺部收缩的时候往回撤退，就像尤里普斯河上的退潮。血管中的血液就这样来回反复地运动，时而前进，时而后退，这完全不符合血液的特征。单独这一点似乎还不是什么大麻烦。但

---

1. 《论身体各部分的功用》第 6 卷第 10 章。

同时，它的第二个不适宜是减弱呼吸的作用，这一点就不是小问题了。"盖伦随后补充道："因为马上就会有第三个层次的不适宜随之而来。若不是造物主精心安排了这些薄膜的位置，我们在呼吸时血液就会倒流，这绝非无关紧要。"盖伦在其后的第11章总结道："实际上所有瓣膜的功用都是一样的，即阻止物质返流，只是每一种瓣膜有其特定的功用。那些用来引导物质流出心脏的瓣膜，就会阻止物质流回心脏；用来引导物质流向心脏的瓣膜，则不会让它们再流出。因为自然不会让心脏疲于不必要的运动，她不会在心脏更适合排放的时候往里输送物质，也不会在心脏更适合接收物质的时候让它再排出什么。出于这个原因，心脏一共有四个瓣膜，每个心室各两个，一个位于入口，另一个位于出口……我们可以看到，流进心脏的血管具有单一的管壁，流出心脏的血管具有双重管壁（盖伦指的是右心室，但是我发现左心室也有同样的情况）。它们需要有一个共享的空间，充当它们共同的储蓄池，血液从其中一个管道进入，从另一个管道流出。"

以上盖伦关于血液从腔静脉到右心室再到肺的论证思路，我们也可以用来论证血液从静脉到心脏再到动脉，只不过是换了个名称而已。通过上述摘录的文字，伟大不朽的医学之父盖伦清楚地表明了，在心脏搏动和肺脏运动同时作用下，肺动脉中的血液通过细小的通道进入了肺静脉。[1] 更进一步地，盖伦表明心脏不

---

1. 参见学识深厚的霍夫曼（Caspar Hofmann，1572—1648）对盖伦《论身体各部分的功用》第 6 卷的评注，我是在写完这些内容之后才看到了这本书。

断地接收和泵出血液，以心室作为储蓄池，出于此，有四个瓣膜服务于这个目的，其中两个负责血液的接收，另外两个负责血液的输送。这确保了血液不会像尤里普斯的河水一样漫无目的地涨潮和退潮，时而退回它本该流出的地方，时而冲向它本该离开的地方。否则，心脏就会疲于这些不必要的运作，肺脏的呼吸也会受到阻碍。总而言之，这些论据支持了我们的结论：血液经由肺的疏松组织，连续不断地从右心室流向左心室，从腔静脉流向主动脉。这是由于，血液经过肺动脉源源不断地进入肺，同样源源不断从肺进入左心室。这个结论无论是从之前的论证还是从瓣膜的位置来说都无可置疑，血液必然是以这种方式持续流动。血液正是如此源源不断地流入右心室、离开左心室，无论是推理还是感官都表明了这一点，从腔静脉到主动脉不可能有其他的通道了。

因此，我们根据解剖，在大多数动物——甚至可以肯定地说是所有动物未成年时期——体内观察到了一些传输血液的开阔通道；根据盖伦的著作和我之前的论述，在高等动物的成年个体内，我们发现了血液流经肺部不可见的小孔和血管间的细微连接。通过这些事实，我们很明显地察觉到，心脏只需要一个心室（也就是左心室）就足够完成血液的传输，实现从腔静脉输送到全身各处的血液运动（实际上这也是在所有无肺动物体内的情况）。但是自然希望血液要流经肺，她不得不额外设置了右心室，通过右心室的搏动将腔静脉的血液送往肺，再送往左心室的腔体。因此我们认为右心室是为肺而造，是为了传输血液，而不仅仅是为了营养肺。设想肺脏甚至比最为精细的大脑，或者质地明净、结构精巧的眼睛需要更多的营养，需要右心室专门的搏动为它传输精纯的、富含精气的血液（由于是直接来自心室的血液），这是不合理的，即便为心脏自身提供营养，也只是由冠状动脉来完成。

08

第八章

论经由心脏从静脉流至动脉的

血量以及血液的循环运动

目前，我已经谈论了很多关于血液从静脉到动脉的传输，具体的传输机制，心脏的搏动对血液的推动等等内容，或许可以说我是通过援引盖伦的权威说法、借鉴科伦坡和其他人的推理来探讨这些问题，也可以说他们会同意我的观点。然而接下来要谈的话题，即从静脉传输到动脉的血量和血液的来源，尽管它们非常值得深思，但同时也非常新颖因而很少人提及。对于这些问题，我不仅担心少数心怀恶意的人会反对我，更加害怕几乎所有人都会站在我的对立面，因为人们是如此信赖传统教条，它们一旦被接受，就深深地扎根在人们心中，就好像是第二自然，和自然本身一样真实；人们也是如此尊崇古代权威，出于人之常情会为之动摇。然而事已至此，我把希望寄托在那些热爱真理且受过专业训练的明眼人身上。老实说，我自己常常认真思索从静脉到动脉的血液到底有多少，为了探究这个问题，我解剖了许多活体动物，打开它们的动脉，进行了各种各样的研究；我也考察了两个心室的大小和对称情况，以及进入心室和离开心室的血管。（因为自然不做无用之事，她不会不抱任何目的地将血管设计成和心脏成比例的大小）同时我也研究了瓣膜的精妙设计、纤维和心脏其他部分的结构，如此种种。我长久地思索，试图弄清楚有多少血液通过心脏，需要多少时间。我发现我们摄入的营养如果要补给如此大量流过心脏的血液，那静脉就会是空的，而动脉则会被过多的血液挤爆，除非血液通过某种方式从静脉再次回到动脉，返回右心室。

我开始设想是否有可能存在一种循环运动，后来我发现它是对的。血液从心脏出发，由动脉输送至身体各部分，这个过程与血液在右心室的搏动下由肺动脉输送至肺的方式是一样的；以及，血液通过更小的静脉返回腔静脉，进入右心房，这个过程与血液通过肺静脉从肺进入左心室（如前所述）的方式也如出一辙。

我们所说的循环运动，和亚里士多德所说的空气和雨水模仿天界的循环是出于同样的方式。潮湿的大地在太阳的照耀下发热，水汽蒸发上升至高空后又凝结成雨，重新落回大地，再次淋湿土壤，滋养新的生命。相似的，随着太阳时而靠近时而远离的循环运动，出现了暴风雨和流星等大气现象。

在我们的身体中，血液也存在类似的循环运动。首先，温热、完善、富含水汽和精气的血液进入身体各部分，给予它们营养和温暖，激活它们生长；在这之后，血液就会变冷、凝固，形象地说就是累垮了。因而血液回到它们的本原，即心脏——身体的源泉和守护神，重新回到完善的状态。在自然的、充满力量的、像火一样的热的作用下，血液就像是进入了生命的储藏库，重新变得富含水汽、精气和芳香，再次从心脏出发，流向身体各处。这些都依赖于心脏的运动和搏动。

心脏称得上是生命的本原，它是我们身体这个小宇宙中的太阳，就像太阳称得上是世界的心脏一样。凭借心脏有力的搏动，血液才得以运行，得以变得完善有活力，得以从受伤和凝固中恢复。心脏是身体的守护神、生命的基础，是一切活动的源泉，它的功能是营养、温暖和激活整个身体。但是我们应当等到探明这种运动的目的因（causa finalis）时再做详述。

因此，尽管静脉是运输血液的特定管道，但其实血液的通道分为两种，分别是腔静脉和主动脉，它们的差异并不是由于亚里士多德认为的位置不同，也不是由于通常认为的结构不同（我之前说过，在很多动物体内，静脉和动脉的管壁厚度没有差异），而是因为它们具有不同的功能，或者说功用和职能不同。在古代，人们把动脉和静脉都称作 vena（根据盖伦所说）是情有可原的，因为动脉是把血液从心脏输送到身体各部分的管道，而静脉是把血液从各部分输送回心脏的管道，前者是从心脏出发，后者则是以心脏为终点。静脉中包含的是未加工的、被耗尽的血液，不再适合营养机体；而动脉中则包含着成熟的、完善的、富含营养的血液。

09

第九章

通过证实第一个假设论证血液循环的存在

为了防止有人说我们空谈，毫无根据地发表似是而非的言论，毫无原因地提出新的观点，我将证实如下三个假设。只要澄清这些，我相信我断言的真相就会自然而然地浮现出来，大白于天下。

第一，血液随着心脏的搏动连续不间断地从腔静脉进入动脉，其血量之大是消化所得的营养液远远不能供给的，且体内的血液在很短的时间内就会全部通过心脏。

第二，血液随着动脉的搏动连续不间断地进入身体各部分，其血量远远大于各部分需要的营养，且全身的血液量都不足以供给。

类似的，第三个假设是，静脉持续不间断地将身体各部分的血液传输回心脏。

只要这些论点得到说明，我想就能很清楚地表明血液循环往复，向身体四周流动，复又从四周返回心脏，如此进行一个循环运动。

让我们先假定（无论是通过设想还是实验）左心室舒张饱满

的时候里面能装多少血液，据说是 2—3 盎司，也有人说是 1.5 盎司，我曾在解剖一具尸体时发现是 2 盎司多一点。同样地我们再假定左心室收缩的时候里面有多少血液，换言之，收缩挤压的程度如何，心室的容量在收缩时就减少了多少，也就是说，向主动脉挤进了多少血液。在本书第三章我们就论证过，心室收缩时向主动脉挤进了部分血液，这一点通过瓣膜的结构也能得到说明。由此我们可以做一个合理的推断，判定挤进动脉的血液可以达到心室舒张时容积的 1/4 或 1/5 或 1/6，甚至可以只算 1/8。因此，我们可以想象在人体中心脏搏动一次进入动脉的血液量，而且这些血液由于瓣膜的阻挡不能再返回心脏，这个量是 0.5 盎司，或者 3 打兰，最少有 1 打兰。在半个小时内心脏搏动超过 1000 下，实际上，在一些个体上，有可能达到 2000、3000，甚至 4000 下，如果把每次搏动的泵血量乘以搏动的次数，比如 2 打兰或 3 打兰乘以 1000，最终得到了 500 盎司或者是这个量级的数字。这么多的血液在半小时之内就经由心脏流进动脉，这比全身的血量还要多。类似的，在羊和狗身上也是如此，如果心跳一次我们算 1 吩血液通过，半个小时就是 1000 吩，大约是 3.5 磅的血液，经过我对羊的考察，同等体形的动物血液总量一般不会超过 4 磅[1]。

因此，根据这一设想，我们仅仅通过推断心跳一次传输的血

----

1. 1 英制液体盎司约等于 28.41 毫升，1 盎司 =16 打兰。1 液量吩（fluid scruple）约等于 1.18 毫升。1 磅约等于 453.59 克。——译者注

量，再数一数心跳的次数，就可以发现全身的血液都经由静脉流入动脉，而且以同样的方式流经肺脏。

即便全身血液流经心脏需要花费的时间可能多于半小时，或是一小时，甚至需要一天，但这无论如何都表明了心脏的搏动持续驱动的血液量大于消化食物所得的营养液，也大于所有静脉加在一起的容量。

不能认为心脏收缩有时挤出了血液，有时没有挤出，或者挤出了随意数量的血液，我之前就反驳过这个看法，它既违背了感官经验，也违背了推理。这是因为，如果心室舒张时必须重新接收血液，那么它在收缩时就必然要将原有的血液先排出，并且还不可能是少量地排出（因为血管的直径并不小，在心脏收缩时也不小），一次搏动排出的量至少是原始容量的 1/3、1/6 或至少 1/8。收缩后残余的血量与原始血量的比值，必然与同一个心室收缩状态和舒张状态的容量比相一致。由于舒张时不可能没有血液进入心脏，也不可能是一个想象出来的数量，因此收缩时排出的血液量也不可能是零或者随意的数量，而是一个和收缩的程度相称的数量。综上所述，在人、羊或牛的体内，如果心脏搏动一次流经的血量是 1 打兰，半个小时心脏搏动 1000 下，那么这段时间内就会有 10 磅 5 盎司的血液流经心脏；如果每次心跳的流量是 2 打兰，这个总数就是 20 磅 10 盎司；如果每次心跳 0.5 盎司，这个总数就是 41 磅 8 盎司；最后，如果心跳一次流过 1 盎司，那么半个小时内就会有 83 磅 4 盎司的血液从静脉流进动脉。不过心脏每次搏动到底有多少血液进动脉，何时更多何时更少，以及变化的原因，也许要等我收集更多的观察资料之后才能进一步阐明，此处先搁置不谈。

与此同时我也要向大家澄清，血液经过心脏的数量的确有时更多，有时更少，血液循环运动的速度时快时慢，受到诸多因素的影响，例如气温、年龄、体内外的环境、先天或后天的因素、睡眠、休息、进食、锻炼、情绪状态等等。但实际上，即便血液是以最小量通过心脏和肺，进入动脉和全身的血量也远远大于消化食物所补给的液体，除非血液进行循环和回流。

我们从动物的活体解剖上也可以很清楚地看到这一点，不仅是当切开主动脉的时候，即便是切开一条最小的动脉（正如盖伦在人体中所证实的那样），全身的血液也会在半个小时甚至更短的时间内从静脉传输到动脉，从这个切口流光。屠夫也可以充分地见证这一点，当屠宰一只牛的时候，切开牛脖子上的动脉，15分钟之内全身的血液就会流尽，血管就会清空。在截肢手术和肿瘤手术中，我发现有时候这个过程在更短的时间内就能完成。

有人声称，在屠宰动物时或在人类的截肢手术中，会看到从静脉往外流的血和动脉一样多，有时甚至更多，这个说法不能削弱我们的论证力度，因为这其实是不符合事实的。静脉的位置是向下平放的，而且没有动力为它们泵血，再加上静脉瓣膜的阻拦（会在之后说明），静脉切口流血其实很少。相反，动脉切口射出的血很多，并且强劲有力，像水枪射出的一样。你们可以在羊或狗身上做一个测试，在保持静脉完好的情况下切开它们颈部的动脉，你们会牢牢记住血液是如何汹涌、有力而迅速地喷射出来，而且全身的血液都将流光，静脉和动脉都将是空的。由上可知，动脉里的血液很显然只能来自心脏的输送，因此如果在心脏根部结扎主动脉，然后切开颈部动脉或者其他动脉，毫无疑问地会看到动脉是空的而静脉则充满血液。

通过以上论证，你会很清楚地知道为什么在尸体解剖中常常发现静脉和右心室充满血液，而动脉和左心室里的血液很少。或许就是这个差异让古人感到疑惑，进而认为在动物活着的时候，动脉里只有精气而没有血液。但真实的原因也许是，血液从静脉进入动脉的路径只能通过心和肺，当生命逐渐衰亡时，肺在呼吸停止的时候就停止运动，血液无法通过细小的分支从肺动脉进入肺静脉，从而无法到达左心室。正如我们之前在胚胎中观察到的那样，胚胎中的肺不运作，关闭了肺部血管之间的连通和不可见的小孔。但肺停止运动后心脏还未停止，而是继续将心室中的血液向动脉泵出，继续传输到身体各处和静脉之中，同时又未能收到来自肺的血液，因此看起来是空的。这个说法同时也使得我们的结论更加可信，因为除了根据我们的假设中引申出的这个解释，没有其他原因可以说明这个现象。

另外很明显的是，脉搏越快越有力，全身的血液就会在越短的时间内从切口流尽；同样的道理，当昏厥或惊恐时，心跳变得更加微弱、缓慢、无力，血流也会随之缓和下来。

出于相同的原因，在动物的心脏停止跳动之后，怎么努力都无法从颈部或腿部的静脉和动脉切口中排出超过一半的血液。屠夫在给牛放血时，如果先击打牛的头部使之昏迷，就很难把血放干净，除非他在牛的心脏停止跳动之前切开颈部。

最后，我们可以设想为什么前人对动脉和静脉之间的交汇处没有正确的认识，包括它们连接的位置、机制和原因。我接下来将对此进行研究。

10

第十章

驳斥针对第一个假设的反对意见，

以及进一步的实验证据

（第一个假设：关于血液经由心脏从静脉
到动脉的血量，以及存在血液循环运动）

目前，第一个假设已经通过计算、实验和我的亲眼见证得到充分的证实。这个假设是：血液源源不断地进入动脉，其血量大于消化食物所得的营养液，并且由于全身的血液在很短时间内就全部通过心脏，因此必然存在血液的循环运动，血液必然返回了心脏这一起点。

有人反对这一假设，声称如此大量的血液在短时间通过并不必然意味着循环运动，或者声称我们摄入的食物量其实很丰富。他们以奶牛和哺乳期的母亲为例，一头奶牛一天可以产 3—4 加仑的牛奶，有的可以产到 7 加仑甚至更多；一个哺育 1 到 2 个孩子的母亲一天可以产生 1—1.5 品脱[1]的母乳。这个母乳量的确可以通过食物得到补给，但对于心脏，根据计算，心脏在 1—2 小时就能泵出这么多甚至更多的血液量。

有些反对者可能还是无法信服，坚称动脉受伤时血液向外喷涌的速度是非自然状态下的特殊情况，如果在完好无损的身体

---

1. 1 英制加仑约等于 4.55 升；1 品脱约等于 20 英制液体盎司。——译者注

内，血液在没有动脉缺口的自然状态下流动，这么大量的血液就不可能在如此短的时间内通过心脏以至于需要进行循环。我们之前做过的计算可以回答这个问题，心室舒张期血液的容量减去心室收缩期血液的容量，就是心脏通常情况下每一次搏动实际泵出的血量，这个量是在完整的身体中和自然状态下得出的。

在蛇类和一些特定的鱼类身上，将稍微远离心脏的一条静脉结扎，会看到在结扎处和心脏之间的这段静脉管迅速变空。除非你不愿意相信自己的眼睛，否则你必须承认血液在流回心脏。这一事实将会在我对第二个假设的证实中得到更详细的阐明。

让我们通过一个案例来总结目前的结论，所有人都会因为亲眼所见而确信我们的观点。如果你解剖一只活着的蛇，你会观察到心脏搏动逐渐变慢，变得清晰，这个过程会持续一个多小时。心脏收缩时像一只虫子（因为它的形状本来就是椭圆形的），排出血液时变得苍白，舒张时则相反，如此种种，你会看到我之前说过的所有支持这个结论的现象，因为蛇的所有身体部位都更长，因此也更加清晰。接下来你可以做一个实验，其结果会比正午的阳光还要清楚明白。蛇的腔静脉连接心脏的下部，动脉连接心脏的上部，如果我们用镊子或者手指截断腔静脉中的血流，你会看到随着心脏的搏动，从手指到心脏之间的腔静脉很快就完全空了，而此时的心脏即使在舒张时也比平常更白，因为它缺乏血液，容量也变得更小。一段时间后，心脏跳动得越来越慢，直到几乎衰竭。如果你松开对腔静脉的压迫，心脏就恢复了它的颜色和大小。随后，如果你在差不多的距离对动脉做同样的结扎或压迫，你会看到完全相反的景象。从结扎到心脏之间的动脉会更剧烈地膨胀，心脏也会扩张得更大，从紫红色变成了铁青色，最后它被血液挤得像是马上就要窒息了。然而当你松开结扎，心脏就会恢复正常的大小、颜色和搏动力度。

因此有两种死亡的方式，一种是由于缺乏血液造成的衰竭，另一种是由于血液过剩造成的窒息。你可以通过这个案例同时观察到两种情况，凭借亲眼所见证实关于心脏的真相。

11

第十一章

证实第二个假设

为了更清晰地证实第二个假设，我借助几个实验来说明血液通过动脉进入身体各部分，再通过静脉流出各部分。动脉是血液从心脏向外流的通道，静脉则是血液返回心脏的通道。在各个身体部位和四肢末端，动脉的血液进入静脉的路径要么是通过动静脉之间的交汇处，要么是直接通过肉体的孔隙，或者两条路径同时起作用，就像前文提到的肺部的血液传输一样。因此，血液很显然在进行循环运动，从一处到另一处，然后返回；也就是说，血液由中心向远端流动，之后又返回中心。根据之前的计算，我们摄入的食物不可能供给这么大的血量，我们身体的各个部分也不需要这么多的血液作为营养。

接下来我们探讨结扎相关的现象。首先，结扎是凭借什么原因聚集血液的？不是热，不是痛，不是真空的吸引力，也不是其他已知的原因。其次，在医疗实践中，结扎的好处和功用是什么？最后，结扎是如何阻止或者促进出血，如何导致局部的坏死和腐烂，以及如何在阉割动物、摘除体内外肿瘤时发挥功用的？实际上，几乎没有人正确理解了上述现象的原因和原理，只是根据古人的经验，在医疗中实施和传授结扎的做法，很少人能够在诊疗中获得它们真正有效的益处。

结扎分为严格的（stricta）和中等的（mediocris）。严格的结扎是用绷带或绳子紧紧地压迫血管，使得结扎范围内感觉不到脉搏。这一类结扎经常用于处理手术时造成的失血，也常常在阉割动物和切除肿瘤的过程中使用。结扎能够完全阻止营养和热向特定的部分传输，因此我们会看到睾丸或者饱满的肿瘤逐渐枯萎、死去，最后彻底脱落。中等的结扎没那么紧，也不怎么痛，在结扎区域还能感觉到轻微的脉搏。这类结扎通常用于抽血或者说放血，当在手肘上方做结扎时，在结扎正确的前提下，手指能在手腕处感觉到微弱的脉搏。

让我们做一个实验，像放血时那样结扎某人的上臂，或者让他紧握拳头。实验对象最好是一个瘦弱的人，具有清晰的血管，并且最好在他身体较热的时候做，此时血管末端温暖，血液充沛，搏动有力，这样能更清晰地观察到所有现象。我们先做一个尽可能严格的结扎，你首先会看到结扎处以下的脉搏消失，无论是在手腕处还是其他位置；其次，在结扎处上方的动脉膨胀、隆起，脉搏更鲜明、有力，靠近结扎的位置呈现出类似涨潮的现象，仿佛是血液想要冲破这个阻碍，重新打开它的通道。此处的动脉呈现出异乎寻常的饱满。最后，手的颜色和形状保持不变，只是随着时间的流逝有些变冷，但没有血液进入手。

在严格结扎一段时间后，放松它，改成一个中等的结扎，就是上文所说用于放血术的那种结扎，你会看到整只手瞬间变得红润、饱满，静脉呈现异常的肿胀和曲张。在 10—12 次脉搏之后，你还会看到血液有力地涌入手，手肿胀得好像要破裂了一样。在中等的结扎下，大量的血液迅速聚集，不是由于疼痛、热或真空的吸力，也不是由于任何一个之前提过的原因。

同时，在结扎从严格调整为中等的一瞬间，如果将手指轻轻地放在结扎处附近的动脉上，会感觉到血液向前滑过，仿佛就在手指下面溜走了一样。被结扎的人在这一刻也会清晰地感觉到血管的阻碍消失了，热和血液随着脉搏流进手臂；他还会感觉到动脉通道上突然充满了某物，并在手掌中散开，手变得温暖而饱满。

在严格的结扎中，结扎处上方的动脉会膨胀和隆起，下方的动脉变得更细。在中等的结扎中正好与之相反，结扎处下方的静脉膨胀，受到阻碍，上方的静脉则变得更细。如果你试图挤压隆起的静脉，必须用上很大的力才有可能使血液通过结扎，使上方的静脉恢复正常。

通过上述事实，所有理性而谨慎的观察者都会乐意认同血液是从动脉进入结扎处。因为在严格的结扎中，血管并未聚集血液，手的颜色和形状也未曾改变，没有血液进入手。然而，当动脉松开了一些，即变为中等的结扎时，明显可以看到大量的血液汹涌有力地进入手，手变得饱满膨胀。很显然，哪里有脉搏，哪里就有血流，就像在中等结扎中的手一样，相反，在严格结扎中，没有脉搏，也就没有血液通过结扎。同样地，如果静脉被压迫，血液也不能通过。这一点由如下事实得到表明：结扎[1]处下方的静脉比上方的静脉更饱满，比正常状态下的静脉更鼓胀。由此很明显可以得出，结扎阻止了静脉中的血液回到上方的部分，导致了下方的静脉膨胀隆起。

然而，在中等结扎的情况下，动脉仍然可以流通，在心脏的驱动下，动脉将靠近身体中心的血液向结扎以外的部位输送。这就是严格结扎和中等结扎的区别，前者同时阻断了动脉和静脉的流通，后者只阻断了静脉，因而血液还能凭借脉搏向血管末端流动。

因此，我们就可以解释以下现象：在中等的结扎中，下方静脉膨胀隆起，手部充满血液，这是怎么回事呢？血液想要从结扎下方通过，要么经过静脉，要么经过动脉，要么经过不可见的孔隙。然而血液不可能来自静脉，也不大可能来自不可见的孔隙，因此血液必然来自动脉，这与前文所述一致。很明显血液不可能是通过静脉流入手部，因为静脉血无法跨越结扎运行到靠近心脏的一侧，除非结扎完全松开。当这么做时，能清楚地看到静脉的隆起瞬间平息，充盈了结扎上方的部位；手的颜色恢复，所有聚集的物质、血液都迅速消散了。

更进一步地，实验对象如果按照这种方式被结扎了一段时间后，手部变得肿胀和冰凉，那么当中等的结扎也彻底松开之后，被结扎者会感觉到一阵冰凉向上传输，直至手肘，有时能达

---

1. 指的是中等结扎。——译者注

到腋窝，想必这就是血液在返回。我想，冷血回流心脏应该就是放血后出现昏厥的原因，有时甚至较强壮的病人也会出现这种情况，尤其是在刚刚松开结扎之后。这种现象通常叫作"返血"（conversio sanguinis）。

再者，从严格结扎调整为中等结扎的时候，动脉血恢复流动，我们看到了静脉持续的肿胀，却没有看到动脉肿胀。这表明了血液是从动脉流进静脉，而不是相反；还表明血管之间存在交汇处，或者肉和密质部分存在孔隙供血液通过。这一点还表明了大部分静脉是互相连通的，因为在中等结扎中，手肘上方的许多静脉同时膨胀，如果此时用柳叶刀在一根小静脉上划一道口子，你会发现所有的静脉都不再隆起，它们的血液同时来到这根静脉，同时平息了下去。

从这些事实中我们可以理解结扎能产生聚集的原因，或许也能理解血液流动的一般规律。例如，在我称为中等的这类结扎中，手部的静脉血由于压迫无法流出，也就是说，血液在心脏的驱动下通过动脉进入手，但又无法流出，结果就导致了手的充盈和肿胀，否则这是如何发生的呢？的确，无论是热、疼痛，还是真空的吸引，都会填充一个部位，但那只是充盈，而不是超出正常限度的肿胀。结扎之下的部位被紧紧地塞满，由于血液有力地涌入，肿胀的程度甚至要把肉撕开，使血管破裂，如果用热、疼痛或真空来解释这种现象，既无法使人相信，也无法向人演示。

由此我们得出，结扎能够产生一种吸引力，这种吸引不依赖任何的疼痛、热和真空。试想如果血液是被某种疼痛所吸引，那么为什么在上臂结扎，结扎本应压迫静脉，阻碍血液流至手部，但是手和手指却出现了静脉曲张？为什么结扎上方没有任何静脉膨胀或充盈的迹象，或者至少是血流的痕迹？结扎下方能够聚集血液，且手和手指异常肿大，显然是因为丰沛的血液进入了这个部位但无法流出。

实际上，根据阿维森纳（Avicenna，980—1037）对于肿胀的论述，所有的异常肿胀都是因为进入的通道敞开，而排出的通道受阻，是这样的吗？另外，当肿胀处发炎，体积不断增大，但还未超出它的极限时，尤其是在那些更温热的、体积突然变大的肿瘤中，我们能感觉到它有力的搏动，这个现象也是由于上述原因吗？这些问题留待之后再讨论。此处另引一例我的亲身经历略作解释。有一次我不小心从马车上摔下来，撞到了额头，有一条从太阳穴出发的动脉分支位于我撞到的位置。在大约20次脉搏之后，我的额头瞬间鼓了一个鸡蛋那么大的包，既没有发热也不怎么疼痛。我猜测这就是由于在动脉附近，血液异常大量且迅速地涌入受伤处所致。而且，很显然这也是如下现象的原因：在放血术中，我们为了使血液更有力地喷涌出来，在切口的上方做结扎而不是下方。试想，如果如此大量的血液是从上方的静脉流到切口，那么在切口上方结扎不仅无益于聚集血液，反而是一种阻碍。结扎只能是在切口下方，这样能够拦截充沛的血液，来自上方静脉的血液就会从切口流出。但是，血液实际上是从另一个渠道——动脉流入结扎下方的静脉，而从静脉往回流的路径中被结扎拦截了，因此静脉血管变得充盈，它们的膨胀使得血液更加充分地从切口处喷涌而出。如果此时松开结扎，血液返回的路径重新打开，切口处就不再有血液喷涌，最多只有一两滴血渗出。并且众所周知，如果在放血的过程中扎得太松或太紧，或者在切口下方做结扎，血液都不会用力喷涌。这无疑是因为，太紧的结扎把动脉中的血流阻碍了，而太松的结扎则让血液返回的静脉通道打开了。

12

第十二章

通过证实第二个假设论证血液循环的存在

根据这些事实，我前文所述的另一个论点也得到了证实，即血液持续不间断地流经心脏。因为我们已经得知，身体四周的血液是由动脉流向静脉而不是从静脉到动脉；我们也得知，在恰当结扎的情况下，全身的血液都可以通过结扎下方皮肤浅表的一根小静脉上的开口全部排出。其血液喷涌的速度之快和血量之大，使我们明白了不仅结扎以下手臂的血液可以从切口流出，包括全身静脉和动脉中的血液都可以从此流出。

因此，我们必须承认以下几点：一、根据切口处汹涌急迫的血流可知，源源不断的血液也是汹涌急迫地来到结扎处下方；这股推动血液的力来自心脏强劲的搏动，心脏是血液向前涌动的唯一动力源。二、血液始于心脏，由于结扎下方的静脉血来自动脉，而动脉只能从左心室接收来自静脉的血液，因而血液必定先通过大静脉回到心脏。若非心脏强有力的搏动，如此大量的血液无法只通过结扎下方的小切口持续有力地涌出，并轻易地被排空。

如果以上所述属实，我们还能从这个推断中轻易地计算血量，论证血液的循环运动。例如，如果对某人持续放血，让血液不加控制地快速喷涌，毫无疑问半小时左右就会排出体内绝大部分的血液，此时放血对象会昏迷和晕厥，不仅是动脉，大静脉也已然被排空。因此，我们有理由推测，这些血量在半小时之内就能从腔静脉通过心脏转移到主动脉。而且，如果你能够计算在中等结扎的情况下，在20或30次的搏动内有多少盎司的血液通过手臂，即有多少血液流出，那么你也能用同样的方法估计，在相同时间内，有多少血液流经另一只手臂，同理，有多少血液流经双腿、颈部以及全身上下所有的动静脉。这些部分都需要来自肺部和心室供应的新鲜血液，因此血液必然要从静脉返回，因为如此大量的新血液不可能来自消化液，而且远大于各个部分所需的营养量。

我还注意到我在实施放血术时偶尔会遇到的情况也能证实这个结论。尽管放血过程中一切程序都正确：恰当的结扎、恰当地用柳叶刀在恰当的位置切开恰当的小口，但如果此时出现了意外的惊恐或昏厥（由于精神问题或是其他方面的原因），心跳变得微弱，那么血液只会一滴一滴地渗出，尤其是当结扎偏紧的时候。这种现象是因为心脏搏动减弱导致血液驱动力变小，血流无法冲破结扎对动脉的压迫所致，实际上，心跳的减弱首先就无法把足够的静脉血通过肺传输到动脉。同样地，女性的经血以及各种形式的出血的减退都是出于这个原因。相反的情况也能说明这一点，即放血对象从昏迷中苏醒过来，或是从惊恐中缓过来，此时脉搏就会恢复，结扎处甚至会呈现更强烈的血流，血液流经手腕，从切口处持续喷涌。

13

第十三章

证实第三个假设，

并由此论证血液循环的存在

目前我已经讨论了身体中心流经心脏和肺脏的血量，以及身体四周从动脉流进静脉的血量。现在我要解释血液如何通过静脉从身体四周流回心脏，以及静脉为什么是血液流回心脏的通道。我相信在澄清这件事之后，我在前文提出的支持存在血液循环的三个论点就都得到了充分的辩护，清晰明了，真实可信。

　　我们将通过阐明静脉管腔内瓣膜的功用，以及可亲眼观察的实验，充分证实第三个假设。

　　著名的资深解剖学家和尊敬的前辈法布里修斯第一次描述了静脉的膜状瓣[1]，它们呈 Σ 形或半月形，是静脉管壁内最精巧的部分，在不同个体中分布的方式不同。它们生长在静脉壁内，朝向静脉根部开放，两片瓣膜（它们大多成对出现）在管道中间合并，合并时边缘互相接触，完全闭合，用于阻挡物质从静脉根部返回静脉分支，即从大静脉返回小静脉。瓣膜的排列是后一对瓣

---

1. 或者根据里奥朗博士的说法，率先发现静脉瓣膜的人是西尔维乌斯（Jacobus Silvius，1478—1555）。——译者注

膜尖对着前一对瓣膜的中部凸起，前一对瓣膜尖对着再前一对瓣膜的中部凸起，如此分布在整条静脉中。

发现静脉瓣膜并不等于真正理解了它们的功用，有些人认为静脉瓣统一的功用是阻止血液向下流动，以防血液由于重力过多地堆积在身体的下半部分，这是不正确的，因为颈静脉的瓣膜就是朝下开放的，它们阻止血液向上流动。实际上，静脉瓣的统一朝向不是向上，而是向着静脉根部和心脏的方向，我和其他同仁都曾发现肾静脉和肠系膜静脉分支上的瓣膜朝向腔静脉和门静脉的方向。更重要的是，动脉中几乎没有瓣膜，并且狗和牛的静脉瓣膜分布在腿部股骨顶端的静脉中，或者靠近臀部的腰腿分叉的位置，这些部位与直立的人类不同，并不受重力的影响。另外，颈部的静脉瓣也不是像某些人说的为了预防中风，因为睡觉时头部的血液更多地来自催眠动脉（arterias soporales）。还有，并不是因为瓣膜阻滞了血液停留在一些细小的静脉分支中，而没有全部流向更粗和更开阔的静脉主干，因为尽管大多数时候静脉瓣膜都位于静脉分叉的位置，但也有少数静脉瓣出现在没有分叉的静脉中。静脉瓣膜也不是为了减缓血液从中心向四周流动的速度，实际上血液向外流动的速度本来就很慢，它们要离开有大量血液的源头，从大血管流向小血管，从温暖的区域流向冰凉的区域。

因此，静脉瓣膜的唯一功用就是阻止血液从大静脉倒流回小静脉，从身体中心倒流回身体四周，否则会导致小静脉的曲张破裂；反过来，静脉瓣膜引导身体四周的血液流回心脏。薄薄的瓣膜使后者流通顺畅，而完全阻拦了前者。而且瓣膜有序的排列使得如果有某物在倒流的过程中没有被完全阻挡，从上一对瓣膜中间的缝隙划走，那么马上也会被下一对瓣膜拱状凸起的位置阻挡，倒流不了多远。

我在解剖静脉的时候常常发现，不管我用什么样的方法，沿着静脉根部向静脉分支方向的探针都很难刺到较深的位置，这正是因为瓣膜的阻挡。另外，探针从分支向主干道刺探则非常容易。几乎每一对静脉瓣膜的构造都十分吻合，当它们从静脉壁游离出来在静脉管道中间合上，其边缘非常紧密地对接，肉眼很难辨别或是完全找到它们的交界处。而当探针从四周刺向中心，瓣膜则充分地让开通道，就像水闸对水流的控制一样，如果有血流从心脏和腔静脉倒流回来，瓣膜很容易地就再次关闸，它们游离出静脉壁且在中心处紧密对接，阻止倒流。瓣膜的构造使得血液无法从心脏倒流出，无论是向上到头部还是向下到脚，以及向侧面的手臂，它们阻止一切从大静脉到小静脉的血液流动，只允许从小静脉到大静脉的血流，只为后者提供自由开阔的通道。

接下来我们通过一个例子更加清晰地阐明这个事实。请一位病人做实验对象，在他的上臂做一个类似放血术中的结扎（图1，A, A）。一段时间后，静脉上出现了特定的节点和隆起（图1，B, C, D, D, E, F），不仅是在分叉的静脉（图1，E, F）中出现，在没有分叉的静脉（图1，C, D）中也存在。这种现象在劳动者或较大的静脉上更加明显。这些节点是静脉瓣膜导致的，常常出现在手掌或者手肘内侧。如果用大拇指或其他手指顺着静脉往下挤压（图2，从O到H），试图让血液从这个瓣膜节

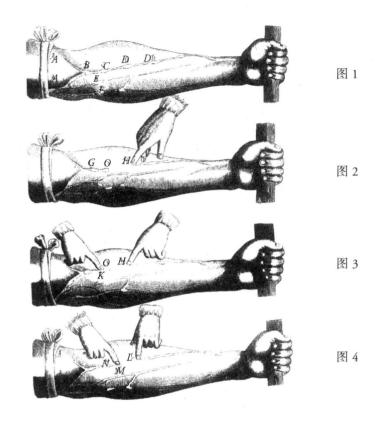

图 1

图 2

图 3

图 4

点（图2，O）往下流动，你会发现这无法做到，因为瓣膜将
血流完全阻挡了；你还会看到从你手指到隆起之间的那段静脉
（图2，OH）被抹平，尽管这个节点，即这处瓣膜以上的静脉
（图2，OG）还保持隆起。持续向下挤压这条静脉（至H），这
段血管就是空的，此时如果你将另一只手压迫瓣膜上方的一个点
（图3，K），你会发现血液还是不会冲破瓣膜（图3，O），你压
迫K点的手越用力，瓣膜处的隆起和膨胀就越明显，尽管下方

的管道是空的。

身体的很多位置都能看到诸如此类的现象，由此可知，静脉瓣的功能与放置在主动脉及肺动脉入口的三个半月瓣相同，都可以在恰当的时候关闭以防血液倒流。

更进一步地，在结扎后静脉隆起中（如上述图 1，A, A），我们选择一个瓣膜或凸起的下方，在间隔一段距离的位置用手按压（图 4，L），再用另一只手（图 4，M）将血液挤到瓣膜节点的上方（图 4，N），你会发现这段静脉空了，血液无法越过瓣膜回到这个区域，就像图 2 的 HO 那样。然后，如果你将手指（图 2，H）松开，你会看到这条静脉重新被下方的血液填满，恢复到图 1 中 DC 的样子。因此，这清楚地表明了静脉中的血液是从下方向上方流动，向心脏的方向流动，而不是相反。尽管有些位置的静脉瓣闭合不如上述那么完美，或者只有单片瓣膜，没有成对，看似无法完全阻挡血液倒流，不过大部分的静脉瓣很明显和我所说的一致，即便有个别不起作用，也会被排列在后面的瓣膜所弥补，无论是从数量上还是能力上，或者通过其他的方式，后续的瓣膜都能弥补。因此，静脉就是血液返回心脏的开阔通道，并且血液无法再通过静脉从心脏流出。

还有一个实验值得我们注意。像上文所述那样结扎、等待静脉隆起，瓣膜的节点浮现后，在瓣膜下方寻找第二个瓣膜节点，用大拇指压迫静脉，拦截从手部向上流动的血液，然后用另一只手将这个部分（图 4，LN）的血液推挤到第一个瓣膜节点上方，和上面的做法一样。接着放开压迫 L 点的手，让这段静脉被下方血液填满（如同图1的 DC），再重新把这段静脉（图4的 LN；图2或图3的 HO）的血液向上推挤，快速地重复这个动作1000次。然后你做一个计算，估计一下每次推挤这段静脉的血量，再把它乘以1000，你会发现如此多的血液竟然在一个相对较短的时间内就通过了这段静脉，我想如此快的血液流动速度会让你彻底相信血液在循环运动。

不过，万一诸位觉得这个实验是在用强力逼迫自然，那么我建议你们在静脉上找一段间隔距离较长的瓣膜，看看当压迫的手指移开，下方的血液是以多快的速度就填满了这一段静脉，我相信这个实验一定会说服你们。

14

第十四章

关于血液循环的结论

无论是推理还是可观察的实验都证实了我的所有假设，即，血液在心室的搏动下通过肺和心脏，有力地涌入身体各个部分，渗进静脉和疏松的肉质组织中，再通过静脉从身体各个部分流回身体中心，从小静脉流回大静脉，最后进入腔静脉和右心房。并且，从动脉流出和从静脉流回心脏的血量都极大，不可能通过消化液得到补充，也远比各部分所需的营养量要大。

　　因此结论如下：动物体内的血液被推动着做不间断的循环运动，心脏通过搏动实现它的行动和功能，因此，心脏的搏动是血液循环运动的唯一原因。

15

第十五章

通过或然性推理证实血液循环

我在这里最好再补充一些人们熟知的推理来表明血液循环是可信的和必然的。首先，根据亚里士多德的说法[1]，死亡就是缺乏热导致的腐坏，所有的活物都是温暖的，所有的死物都是冰凉的，因此必然有一个热的源头，就像壁炉或是储藏室，保存和维系自然的萌芽、原生火（ignis nativus）的点燃。热和活力从这个源头出发，传递到全身各处，生命也因此得到维系和生长，消化、营养以及所有的生命活动都依赖于此。这个源头就是心脏，心脏是生命的本原，如我之前所述，我想任何人都不会质疑这一点。

　　因此，血液需要不停地运动，使得自己能够流回心脏。因为如果血液远离它的源泉，进入身体四周的末端，就会停滞和凝结[2]。所有事物中都是如此，只有运动才能产生和保存热和精气，停留则会使这些消散。血液也不例外，在冰凉的血管末端和身体四周，血流凝结，精气耗尽（类似在尸体中那样），于是血液就会想要寻求源

---

1. 《论呼吸》（De respiratione）；《论动物的部分》（De Partibus Animalium）第 2、3 卷及其他。
2. 《论动物的部分》第 2 卷。

泉和起点，补充精气和热，维系自身，因此血液必须回到心脏。

我们有时可以看到身体四周随着寒冷的外界环境而变得很冷，鼻子、手和脸颊像死人那样呈铁青色，这些部位的血液也呈铁青色（就像在尸体解剖时堆积在身体下方的血液），四肢麻木、迟钝，看起来也像快死了一样。如果血液不能回到身体中心补充新鲜的热，那么它们不可能（尤其是不可能那么迅速地）恢复温暖、颜色和活力。在四肢冰冷的情况下，作为本原的心脏仍然保存了温暖和活力[1]，并且通过动脉输送新鲜的、温热的、富含精气的血液，驱逐寒冷和虚弱，使身体各部分重新回到温暖的状态，重新燃起被熄灭的生命之火。否则，缺乏热和活力的身体四周怎么可能自己主动吸纳新的血液？那些包裹着凝结血液的管道，如果不将原有的血液排出，又如何能接收新的营养和血液呢？

因此，一个可能的结论是，只要心脏还完好无损，生命就能得到保存，身体其余的部分也能恢复健康；但另一方面，如果心脏由于一些严重的疾病而受损，变得寒冷，那么整个身体都会随之衰亡。根据亚里士多德所说，当本原受到侵害，没有任何事物可以救济它和依赖于它的其他部分[2]。另外，这很可能就是悲恸、热爱或仇恨以及诸如此类的原因会带来消瘦、萎靡或是血液疾病、消化不良以及其他致死疾病的理由。所有精神上的刺激，例如悲伤或喜悦、期待或焦虑，都会影响到心脏，改变它的自然的

---

1. 《论呼吸》第 2 卷。
2. 《论动物的部分》第 3 卷。

状态，包括温度、搏动等等。在这种情况下，营养不良，身体虚弱，很容易招致各种各样在肢体上无法治愈的疾病，这一点都不奇怪，因为此时身体缺乏营养，也缺乏原生热（calor nativus）。

除此之外，所有动物都依赖营养活下来，它们在体内消化食物，并且把消化的产物传输到全身，这个过程必定是完善的。同理，体内必然有一个地方用来接收消化食物所得的营养，完善它，并且把它输送到身体其他部分。这个地方就是心脏，因为只有心脏各个部分包含的血液具有惠及整体的功用（指的是心房和心室里的血液，不包括冠状动静脉的血液，后者的功用只服务于心脏自身）。身体的其他部位虽然也有血管和血液，但只是为了它们自己特定的目的和功用。另外，只有心脏的位置和构造使得它能按比例地把血液从自身传输到全身，因为只有连接心脏的动脉足够粗大，使心脏成为身体各部分的宝库和源泉。

更进一步地，这种规模的血液运输，必然需要强有力的驱动，心脏就能提供这样的驱动力。首先，血液的本性倾向于集中，类似于洒在桌上的一滴水会倾向回到水多的地方，部分倾向回到整体，诸如寒冷、害怕、恐惧之类的次要原因则会加快这个进程。其次，四肢的运动和肌肉的收缩会带动血液的流动，从毛细静脉进入小静脉，再进入大静脉，逐渐趋向聚集而不是相反（即使静脉瓣膜没有提供阻挠，血液也不会做相反的运动）。因此，为了让血液离开它的本原进入更窄、更冷的身体部位，违反它的天然倾向，就需要一个驱动力，从而需要一个驱动者。这个驱动者只能是心脏，心脏驱动的方式前文已经详述过了。

16

第十六章

从特定的结果验证血液循环

我们还可以通过说明特定的问题来证实血液循环的假设，换言之，利用某些现象作为结果，即所谓的"后件"，从中推出原因，这对于论证血液循环也是有效的。尽管这些现象还有很多疑点和不明确的地方，但它们的确是合理的推断。

　　例如我们会发现，传染病、伤口中毒、被毒蛇或疯狗咬伤、梅毒等疾病有一个共同点，就是尽管受伤的只有一小块地方，但是全身都会遭到侵害。在梅毒患者中，有时候生殖器没有受损，但肩膀或头部反而先开始疼痛，或者有一些其他的症状；我们还了解到在被狗咬伤的伤口愈合之后，仍然会出现发烧或惊恐的症状。根据血液循环理论的解释，这明显是因为某个部分先受到侵害，然后致病因顺着血液循环回到了心脏，又通过心脏传递到了全身各处。在疟疾刚刚发作的时候，致病原因（morbisica causa）先到达心脏，萦绕在心肺之间，使呼吸变得短促、困难，然后渐渐缓过劲来。这是因为生命的本原受到压迫，血液被迫倒流回肺部，变得非常浓厚，无法进入身体的其他部位（我曾亲自解剖过刚发病就去世的疟疾病人）。此时心脏搏动频率加快，但很微弱，并且时不时出现不规则搏动；然而心脏越来越热，血液变得稀薄，血管重新打开，于是整个身体也变热，心跳变得更强烈有力，发热也在加剧，心脏产生的过多的热连同致病因一起通过动脉传递到全身，病情以这样的方式自然地得到了缓解。

同样地，外用的药材可以在内部起作用，仿佛它们是内服的一样。例如，药西瓜和芦荟可以促进肠胃运动，大蒜敷在脚底可以止咳化痰，斑蝥可以利尿，甜酒可以增强力量，如此种种。这或许说明了静脉通过小孔吸收了一部分体外的药材，融入血液，就像肠系膜从肠中吸收乳糜，再混同血液一起带到肝脏中一样。

实际上，在肠系膜中情况也是如此。血液进入腹腔动脉、肠系膜上下动脉，然后进入肠，这些血液混同乳糜被静脉吸收，再通过众多静脉分支回到肝门，最后回到腔静脉。正是因为如此，这些静脉中的血液都具有相同的颜色和质地，而且在所有静脉中都相同——尽管这不是一个常见的观点。许多人认为，所有毛细静脉分支存在双向运动，乳糜向上的同时血液向下，神机妙算的自然难道会做这样的安排吗？如果未经加工的乳糜和完善的血液以同等比例混合在一起，其结果就不会是成熟的、充分调和的血液（由于它们相对而言一个是主动的，另一个是被动的），而是介于两种事物之间中介性的产物，就像酒掺了水一样。但如果是一小部分的乳糜混进了大量的血液中，对血液总体的改变是微不足道的，其结果正如亚里士多德所说，就像往一罐酒里加了一滴水，或是反过来，最终得到的产物不是两者的混合，仍然是酒或者水。因此，在解剖的过程中，我们发现肠系膜静脉中含有乳糜，但不是和血液分离的乳糜，而是混合在血液中，呈现出其他静脉血那样的颜色和质地。尽管感官很难察觉，但还是残余了微量未经调和的乳糜，因而自然为肝脏设置了弯弯曲曲的通道，延长血液流动的时间，使其能够充分地调和，以免未经加工的乳糜进入心脏，损害生命的本原。在胚胎中，肝脏不起作用，是脐带静脉通过肝门外部的小孔或交汇处，接收从胎儿肠道返回的血液，将它们与母亲子宫胎盘输入的血液一起送至心脏。由此可以得出，在胎儿成形的过程中，肝脏是最后一个形成的。我们在早产儿中也观察到，所有部位都形成了，包括生殖器都很完整，但肝脏还几乎看不到雏形。而且那时除了静脉，肝脏的各个部分都发白，没有血红色（就像心脏刚形成时也是白色），你会发现在肝脏的位置看不到肝脏，而是一团集合物，就仿佛平常在淤青或血管破裂处见到的那样。

受孕的鸡蛋中有两条脐带静脉，一条从蛋白穿过肝脏直接进入心脏；另一条从蛋黄连接到门静脉。因此，小鸡一开始只靠蛋白提供营养，在发育完备破壳后则由蛋黄提供。在孵化许多天后，我们还能在小鸡腹部的肠道里发现蛋黄，这与其他动物出生后依赖母乳提供营养是同样的道理。

这些问题最好放在我对胚胎的观察中来讨论，这里牵扯到很多类似的问题。例如，为什么某些部位率先形成和完善，另一些则更晚？在相对重要的部位中，哪一个是另一个的原因[1]？以及

---

1. 指的是生理学上长期存在的争议：心脏和大脑哪个才是首要器官。——译者注

一些关于心脏的问题，例如，为什么心脏是第一个成形的？为什么它在身体的其他部分还未完善之前就具有生命、运动以及感知[1]？还有关于血液的形成：为什么血液先于其他部位率先具有活动？血液为什么会成为生命的本原？血液为什么具有运动倾向且在心脏的控制下四处流动？

同样地，在对脉搏的考察中，为什么有些类型的脉搏预示着死亡，另一些则不然？在多种多样的脉搏中，每种脉搏的原因是什么？它们分别表示什么，为什么？

类似的，当身体处于危机时，自然是如何清除和净化它们？还有关于营养的问题，尤其是食物消化液的传输，以及其他液体的传输，等等。

最后，对于医学的所有领域，包括生理、病理、症候、治疗等各个方面，根据我们揭示的真相，可以回答许多问题，阐明许多真相，解开许多疑惑，澄清许多误解。我发现这是一个巨大的领域，如果我现在充分探究它们，或许会让这本书变得很厚，让我走得太远，偏离了我写此书的初衷，甚至我终我一生也无法完成这样宏大的事业。

因此，我在下一章中只会努力阐明特定的结论，通过解剖心脏和动脉的结构，发现它们所具有的功用和原因。根据这些结论，许多其他领域中的问题也会得到澄清，而这反过来使得我们的结论更加明晰。我希望通过解剖学上的证据证实和加深以上内容。

---

1. 亚里士多德《论动物的部分》第3卷。

还有一件事值得我们注意，尽管它应当放在我们对脾脏功用的观察中讨论，但在这里也能说明一些问题。从脾脏静脉到胰腺之间，在后冠状静脉、胃静脉和腹膜静脉上方，有许多静脉分支和细支与胃连接，其连接方式就和肠系膜静脉与肠连接一样。同样地，直肠静脉从脾脏内部出发，向下连接到结肠和直肠。血液通过这两种静脉系统回流，来自胃的血液混合了未加工的乳糜，更加稀薄，偏向水的性质，相对来说不够完善；来自直肠的血液则更加浓厚，偏向土的性质。在脾静脉的分支中，这两种相反性质的液体得到了充分的调和，脾脏中大量的动脉能够为两者的调和提供温热充沛的血液，自然正是以这种方式解决这个困难，消除两者的不协调，并把相对成熟的血液带到肝门。脾静脉的设置弥补了这两种液体的缺陷。

17

第十七章
通过心脏的一些现象和解剖学上的
证据证实血液的循环运动

并不是所有动物的心脏都是独立分化的部分，我发现在一些被称作"植物动物"的动物体内没有心脏，这些动物体温低，体形小，身体成分柔软，身体结构单一。它们包括毛毛虫、蚯蚓以及从腐烂的东西里生长出来的各式各样的动物。它们没有心脏，因为它们不需要一个驱动者把营养输送到身体末端。它们的身体生来就是单一的，没有分化出四肢，因此它们的进食和排泄就是凭借整个身体的收缩和放松运动来完成。所谓的植物动物，包括牡蛎、蚌、海绵，以及所有类型的动物植物（zoophytes），都没有心脏，因为这一类的动物把整个身体当作心脏来使用，它们的身体就是心脏。

几乎所有类型的昆虫都由于体形太小使我们难以分辨它们身体中的细节，不过我们可以在放大镜的帮助下观察蜜蜂、苍蝇和马蜂；同样，我们可以用放大镜看到虱子体内有某物在搏动，因为虱子是透明的，还可以清楚地看到营养液流过肠道，看上去就是一个黑斑。但是那些身体更寒冷的无血动物，比如蜗牛、扇贝、虾等等，它们体内没有心脏，只有一个很小的地方在搏动，像一个小囊，或者没有心室的心房，它缓慢地进行收缩，你只能在夏天或是温暖的时节观察到这个现象。或许是因为分化出了有机的部分（pars organica），或许是因为身体较为厚实，这类动物具有搏动的结构，用于驱动营养液的传输。但是它们的搏动很缓慢，有时甚至因为太冷而完全消失。因此它们具有模棱两可的本性，时而看起来是活的，时而看起来是死的；时而以动物的方式活着，时而以植物的方式活着。同理，有些昆虫在冬天把自己藏起来，仿佛已经死了，或者说只是像植物那样活着。然而，是否同样的现象也会发生在某些有血动物身上，例如青蛙、龟、蛇、燕子，我们还不能完全确定。

在那些稍大一些、血液不那么冰凉的动物中，驱动营养液可能需要更大的力量；因此在鱼、蛇、蜥蜴、蛙以及类似的动物体内，心脏同时具有一个心房和一个心室。正如亚里士多德在《论动物的部分》第 3 卷中所说，一切有血的动物都需要心脏，营养液不仅能通过心房上下运动，还能通过心室更强有力的搏动快速推送到身体远端。

对于那些体形更大、体温更高、更完善的动物而言，它们具有丰沛的温热血液和精气，因而需要一个更强大和厚实的心脏，以更快的速度和更强的驱动力将营养输送到全身，因为动物的体形更大了，各个部位也相应地更厚实了。更重要的是，更完善的动物需要更完善的营养液，以及更充分的原生热，因此它们拥有肺和另一个心室，营养液流经这些部位并进一步调和到更完善的状态。

因此，所有具有肺的动物都具有两个心室——右心室和左心室，具有右心室的动物一定具有左心室，但反过来则不一定。我所谓的左心室不是指它的位置，而是指它的功用，即推送血液至全身但不推送至肺的心室。因此左心室看似是心脏的核心部分，位于中心，被深深的沟壑所围绕，结构精致，仿佛整个心脏就是为了左心室而生，右心室只是左心室的附属品。右心室并没有扩展出心尖，其心室壁是左心室壁的1/3厚，根据亚里士多德所说，右心室铰接在左心室上，不过它具有更大的容量，因为它不仅需要供给左心室，而且还要营养肺。

然而，从胚胎中观察到的情况则全然不同，胚胎体内的两个心室没有太大的区别，就像坚果的两个内核，几乎一模一样。右心室的心尖和左心室的心尖接触，心脏看起来像是有两个尖顶的锥体。这个现象是因为在胚胎中血液不流经肺，而是从右心室直接来到左心室，因而两个心室的功能相同，就是将血液从腔静脉转运到主动脉（如前文所述，前者是通过椭圆小孔，后者是通过动脉导管），然后把血液分配到全身。所以两者的构造也相似。但是等到肺开始运作，两组血管合流消失，两个心室在力量和其他方面的区别就逐渐变大，因为右心室只需要向肺部供血，而左心室需要向全身供血。

除此之外，心脏还有很多肌腱，我把它们称作"肌肉束"（lacertulus），以及许多纤维束，就是亚里士多德在《论呼吸》和《论动物的部分》第3卷中认作"神经"的那些物质。它们一部分在各个方向上分布，另一部分则隐匿在心室壁和心室中隔的沟壑中，像是附加在心脏上的小肌肉，作为预备和增强力量辅助心脏向更远的距离泵血。它们仿佛行船时精心设计的绳索，帮助心室更好地在各个方向上收缩，从而更充分有力地推送血液。很明显，一些动物具有这些结构，另一些动物则不具有；凡是具有的，左心室的比右心室的更多、更强健；某些动物只有左心室具有，右心室没有。在人体中，左心室比右心室多，心室又比心房多，某些人的心房甚至完全没有。这类结构在体格健壮的农民体内更多，在那些粗壮的身体部位中更多；在女性或者纤细的身体部位中更少。

在一些动物体内，心室内部是光滑的，没有这些肌腱或纤维，也没有形成沟壑。这些动物包括几乎所有小型鸟类，比如鹬鸽、鸡，还有蛇、蛙、龟，以及大部分的鱼类。它们的心室里找不到上述的"神经"或纤维，也没有三尖瓣。在另一些动物体内，右心室内部是光滑的，左心室则有纤维束，例如鹅、天鹅以及更大的鸟类。这些现象的原因都是相同的，即它们的肺部是海绵状的柔软组织，不需要那么强的力量往肺部泵血，因此右心室没有纤维，或者纤维更少，更细，与肌肉没那么相似。左心室的纤维更发达，数量更多，也更强健，因为左心室需要更大的力量把血液输送至更远的距离，乃至全身。这也是为什么左心室位于心脏的中间，左心室壁是右心室壁的 3 倍厚，左心室也比右心室强壮。以及为什么在所有动物中，比如人，那些身体结实、四肢强壮、身材高大的人，心室的纤维更多、更粗壮和发达，很显然他们需要一个更强壮的心脏；相反，那些瘦小、柔弱、肌肉更松弛的人，他们的心室就更光滑，纤维更稀少（但不是完全没有），心脏更虚弱。

接下来我们看看瓣膜功用提供的证据。位于心室入口的瓣膜用来阻止血液从这些腔体中返流；位于主动脉和肺动脉入口的瓣膜由三片半月瓣组成，它们游离闭合时形成了三角形的交界线，就像被水蛭咬过之后的伤口，更加紧密地封闭了血液回流的通道。心室瓣像守卫一样禁止血液从心脏流入腔静脉或者肺静脉，它们是为了防止心脏用力泵血时不小心将血液挤压回静脉。因此，正如我上文所说，并不是所有动物都具有心室瓣，各种动物的心室瓣本身精致程度也不尽相同，有些动物的心室瓣膜更精致，更紧密，有些动物的瓣膜则更松弛和随意。实际上，心室瓣膜的紧密程度和心室收缩的力度成正比。左心室的搏动更强，所以左心室瓣膜的闭合就更紧，只有两片尖瓣就能够完全闭合，它们闭合时向中间游离了很长一段距离，甚至碰到了心尖，这也许就是亚里士多德错认它的原因。他横向地解剖左心室，认为二尖瓣把左心室分成了两个心室，其作用是防止血液倒流回肺静脉，但也因此减少了左心室泵血的总量。二尖瓣在大小、力量和闭合紧密度方面都超过了右心室的瓣膜。因此，所有的心脏都必须具有心室，因为心室是血液的供应室和储藏室，是血液的源泉。不过，对于大脑来说却并非如此，实际上几乎所有的鸟类都没有脑室。例如，鹅和天鹅的大脑几乎和兔子的大脑差不多大，而兔子有脑室，鹅却没有。回到心脏，凡是具有一个心室的，则必然附带一个心房，即一个装满血液的松弛囊袋；同样地，具有两个心室的就具有两个心房。反过来，有些动物没有心室，只单单有一个心房，或是相当于心房的囊泡，甚至有时是一段能够自行膨胀和搏动的血管，在马蜂、蜜蜂和其他昆虫体内可见。我可以通过特定的实验表明，这类动物体内不仅有搏动，而且有呼吸，通过所谓的"尾巴"来进行，它们根据自己对空气的需要以不同的频率伸长或缩短自己的尾巴，不过我会在关于呼吸的论著中再详细讨论此事。

另外，心房的搏动也能提供证据。如前文所述，心房收缩的同时将血液挤入心室。因此心室必然需要一个心房，并非如前人所说是为了接收和储存血液，试想保存血液为什么需要搏动呢？实际上，心房是血液运动最原初的驱动力，尤其是右心房，之前我们就论述过，右心房是"第一个获得生命、最后一个死亡"的部位。因此，心房通过搏动为心室注入血液，此时血液已经开始运动，心室就能更好地借上力，在收缩时进一步把血液输送出去。就像球赛中，如果趁球返回时击出，远比随手扔出去要更有力，击打得更远。而且，与传统观点相反，心脏或是任何其他部位都不可能在膨胀时主动地吸入某物，除非是像海绵一样先被挤压而后返回到原来的形状；实际上，动物体内所有的位移运动都是源于某一小部分的收缩所带动的。因此，正如我已经揭示的那样，心房的收缩将血液推入心室，心室的收缩进一步推动血液流向身体更远端。关于位移运动值得注意的是，根据亚里士多德在《论气息》一书以及其他地方的提示，最开始运动的部位是通过收缩完成（在所有动物的位移运动中，精气的运动是最先开始的），由 νεύω 引发 νεῦρον，即由"摇晃"引发"收缩"。实际上，亚里士多德对肌肉非常了解，他曾严肃地指出，动物的所有位移运动都和神经或收缩组织有关，因此他把心脏的肌肉束认作了"神经"。总而言之，如果我或者其他人有机会根据我们的观察对于动物的位移部位以及肌肉的结构做一个阐释，应该能澄清这些问题。

回到心房的问题上，根据上文所揭示的心房的功用，我们可以得出，心脏越致密，心脏壁越厚实，心房对血液的推动以及心室的膨胀就越有力，反之亦然。例如鱼类的心房（相当于心房的部位）类似一个血袋子，或者含有血液的囊泡，它非常地薄，又非常地大，心脏看起来像是漂浮在心房之上。而且，它看起来有点丰满和鼓胀，非常容易被错认成肺，在鲤鱼、鲌鱼、丁桂鱼和其他鱼类中都存在。

我发现，那些健壮和高大的人，心房也很发达，而且内部布满了复杂的肌肉束和纤维，在我看来甚至和其他人的心室一样发达，坦白地说我震惊于人和人之间的个体差异。但需要注意的是胎儿的心房大得不成比例，因为我们之前说过，心房在心脏还未完全形成、尚未发挥作用的时候就已经存在，代理心脏的职能。不过，根据我对胎儿的亲自观察，再加上前文的论述以及亚里士多德对鸡蛋的考察，我得出了一些明确的结论，并对此处的论证有所启发。首先，胎儿最初像一只柔软的蠕虫，这个阶段只能看见一个血色的小点或者一个搏动的囊泡，似乎是脐带静脉的一部分。随后，当胎儿的轮廓渐渐清晰，开始长肉，此时的血点也获得了肉质，变得更健全，慢慢地形成了心房的形状，心脏体积也逐渐增大，但是还没有开始行使搏动的功能。最后，胎儿完全成形，骨头和肉清楚分明，身体趋向完善且可以活动；此时心脏也具有了搏动，并开始发挥功能，如前所述，将腔静脉的血液通过两个心室传输到动脉。

因此，自然是多么神圣而又伟大，她从不做无用之事，不会给任何动物分配不必要的心脏，也不会在心脏还不需要发挥功用之前就使它完善。相反，自然让所有动物个体间的发育阶段都一致，换言之，在各个动物（例如小鸡、蠕虫、婴儿）的组织结构形成的每一阶段，自然都确保它们的个体是完善的。此处关于胎儿形成的步骤，可以通过观察大量其他胎儿得到确证。

最后还要说明的是，希波克拉底（Hippocrates，前460—前370）在他的著作《论心脏》(*De Corde*) 中把心脏看作一种肌肉不是没有道理的，因为心脏和肌肉拥有相同的行动和功能，即通过收缩移动某物，心脏移动的就是血液。更重要的是，我们可以设想心脏的行动和功能其实来自纤维组织和用于移动的构造，就像肌肉一样。从盖伦到现今的所有解剖学家都认同，心脏本身是由许多纵横交错的纤维组成的，包括竖直的、横向的、斜向的，但用高温加热心脏，纤维的排布则有所变化。心脏内壁和隔膜上的所有纤维都呈环状，就像在括约肌中一样，而肌腱或肌肉束上的纤维则纵向伸展，和环状纤维交错开。如此一来，当所有纤维同时收缩，心尖就会被肌肉束拉拽到底部，心脏壁则会向中间作环状收紧，心脏的每个方向都在收缩，心室变窄。因此，我们断定心脏的行动是收缩，功能是把血液推挤到动脉。

我们必须认同亚里士多德关于心脏首要性的论断，不必再理会那些质疑，例如心脏是否从大脑接收了运动和感觉，是否从肝脏接收了血液，以及心脏是不是血管和血液的起源，等等。用这些质疑来否定亚里士多德的人都忽视了最重要的一点，即心脏是最先形成的，在大脑和肝脏诞生之前（无论是具有清晰的轮廓之前，还是能发挥功能之前），心脏就获得了血液、生命、感觉和运动。心脏在负责运动的器官完备了之后，就像是一种内在的动物，早于身体其他部位存在着、运动着。自然首先创造心脏，然后创造整个身体，通过心脏来营养、维系和完善身体，身体就像心脏的作品和居所。正如国王是一个国家首要和最高的权威，心脏也掌控着整个身体。可以说，动物所有的力量都来源于心脏，依赖于心脏。

还有很多关于动脉的问题可以根据血液循环得到阐明。例如，为什么肺静脉（静脉式动脉）没有脉搏，尽管它算作动脉？或者说，为什么肺动脉（动脉式静脉）反而有脉搏？这是因为脉搏的本质是血液冲击血管而形成的。另外，有人可能会问，为什么动脉和静脉的管壁厚度和韧性差异那么大？回答是，动脉需要承接心脏强有力的泵血以及汹涌的血流。而自然是完美的，不做无用之事，身体各处都物尽其用，因此，离心脏越近的动脉，越是粗壮强劲，与静脉的结构差异越大；相反，在身体的远端，例如手、脚、大脑、肠系膜、精索血管，这些部位的静脉和动脉构造相似，肉眼很难分辨两者脉管的差异。这是因为，离心脏越远的动脉，接收到的心脏搏动力就越小，血液撞击血管的波动随着距离的增大而减弱；更重要的是，尽管心脏的搏动足够把血液传输到所有动脉，不管是主干还是分支，但在每个分叉口这个力量都会有所减小，因而最末端的毛细动脉不仅在外观上和静脉类似，功能也和静脉类似。它们的脉搏要么感觉不到，要么时有时无，而且还是在心跳异常强烈，或者小动脉曲张，或者在某些开阔的部位下才能感觉到间歇性的脉搏。这就是我们有时候在牙齿、肿胀处、手指上感觉不到脉搏的原因。根据我的观察，如果小孩的心跳持续又快又急，这一定标示着他正在发烧；类似的，如果一个瘦弱的人发烧，抓紧他的手指，可以感受到脉搏。反过来，如果心跳特别缓慢，不仅手指，甚至手腕和太阳穴都感觉不到脉搏，我接触过一些个体有这种情况，例如昏厥的人、歇斯底里症发作的人、窒息的人、过于虚弱的人以及奄奄一息的人。

因此，为了避免误解，应当提醒外科医生在截肢、切除肉瘤和处理伤口时注意，用力向外喷涌的血液的确来自动脉，但并不总是如此，因为小动脉缺乏脉搏，尤其是在结扎的情况下。

同样的理由还可以解释如下的问题：为什么肺动脉具有动脉的脉管，但是和静脉的结构差异又不像主动脉和静脉的差异那么大？因为主动脉从左心室承接的血液冲击力要大于肺动脉从右心室所承接的，所以肺动脉管壁的质地比主动脉更加柔软，其差异的程度与右心室的心室壁和左心室的差异程度相吻合。而且，肺动脉和主动脉管壁之间质地的差异还与肺部和身体其他部分的肌肉质地差异相吻合。由此，所有特征之间的差异保持着相同的比例，对于人体而言，那些体格越健壮、肌肉越发达、身材越高大的人，心脏的力量、厚度、密度就越大，纤维数量就越多；同时，心房和动脉的厚度、韧性以及其他特征也相应地增强。相反，心室内部越光滑、绒毛和瓣膜越不发达的动物，心室壁越薄（例如鱼类、鸟类、蛇类，以及许多诸如此类的动物），它们的动脉和静脉在管壁厚度上的差异就越小，或根本没有差异。

除此之外还有一些问题，肺为什么拥有那么粗大的血管，包括静脉和动脉？肺静脉的主干甚至比股动脉和颈动脉分支加起来还要大，而且根据我的经验和亲眼观察，肺部总是充满血液。我并没有忘记亚里士多德的提醒，被尸体解剖得到的肺部所误导，在因失血过多而亡的尸体中，血液已经流光。这些现象的原因是，肺和心脏都是血液的源泉、储藏室和宝库，它们是血液得以完善的加工厂。另一个相关的问题是，为什么在尸体解剖中我们发现肺静脉和左心室聚集了大量的血液，且颜色和质地与右心室及肺动脉中的血液是一样的，都呈黑色并且快要凝结？原因是血液源源不断地通过肺从后者向前者流动。最后还有两个问题，一是为什么肺动脉，通常叫作动脉式静脉，拥有和动脉一样的结构，而静脉式动脉（肺静脉）却拥有静脉的结构？这个问题的答案和通常认为的相反，实际上肺动脉才是真正的动脉，肺静脉是真正的静脉，不管从功能上还是结构上或是其他方面都是如此。二是为什么肺动脉的通道如此开阔宽敞？这是因为它传输的血液远远大于肺部需要的营养量。

所有这些现象都能通过解剖观察到，还有很多其他现象，如

118

果都能得到正确的阐释，就能清楚地说明并充分地证实我在这本书声称的结论，同时推翻传统的观点。我想很难再通过其他方式来解释我们观察到的现象，得到另外的结论，因为事实本身就是如此。

附录

给里奥朗的第一封信——
关于血液循环的解剖研究

几个月前著名的里奥朗先生撰写了一本关于解剖学和病理学的小册子，我非常荣幸收到了作者亲自赠送的一册，并祝贺他出色地完成了这项重要的工作。阐明所有疾病的病灶，揭示目前难以理解的疾病，这项工作困难重重，需要非凡的能力。这样的成果称得上是解剖学家的典范，因为所有知识都是基于先在的知识（praeexsisto cognitio），没有任何一个确凿无疑的观点不是来源于感官经验（sensus）。由于这个话题以及作者举的一些例子与我的研究有重合之处，这促使我独立写作一篇类似的文章澄清我的医学解剖学（anatomia medica），即我的解剖学实际上与医学用途（usus）紧密相关。

我的目标和里奥朗不同，不仅是通过解剖健康的人体来展示病灶，列举这些部位生病后会出现哪些人们熟知的症状；我要做的是解剖病人的身体，涉及最严重和最典型的患病身体，由此向大家说明体内这些部位的变化，包括位置、大小、结构、特征、质地以及其他值得注意的变化，从而进一步说明多种多样令人诧异的病变方式。

正如解剖身体健康的个体对推进生理学知识（philosophia）有很大的帮助，解剖生病的或长期体弱的个体对于理解病理学知识（philosophia）也有很大的帮助。生理学研究的是自然的，即正常状态下的身体，这是医生首先要掌握的知识，因为怎样算是正常实际上为正常和不正常都提供了标准，在这个前提下，病理学才能定义偏离正常或者偏离本性的状态。病理学更清晰地指明了未来应当怎么做，只有根据病理学，医疗技艺才能发挥功用，才有可能发明各种新的治疗方案。

没有人能想象得到身体内部被疾病损伤的程度，尤其是慢性病；更不用说生病长出的可怕东西。我敢说，解剖一具病患的尸体，或是因慢性病和中毒死亡的尸体，比解剖十具上吊而亡的尸体对医学的价值都更大。

这并不意味着我不同意这位学识渊博、技艺高超的解剖学家——里奥朗所提倡的方法，相反，我极大地赞赏这种做法，因为它在生理学层面提供了许多启发，对于医学很有价值。我只是认为，对于医疗而言，不仅需要指出生病的部位，还需要揭示这些部位生病的状况，通过仔细的观察，描述和记录我的发现，这些同样重要。

然而，里奥朗的小册子里只提到我发现了血液循环，这是我首先需要关注的问题，因为里奥朗是当代解剖学家中的领军人物，这样一位大人物对如此重要的话题做的判断是不容忽视的，他的认同比该领域其他所有人的反对都更重要，他的谴责也比其他所有人的赞赏更值得深思。他在《百科全书》(*Encheiridium*)[1]的第 3 卷第 8 章采纳了我对动物血液运动的论述,认同我关于血液循环的观点。不过,他并不是完全认同,在该书的第 2 卷第 21 章,他声称门静脉的血液并不像腔静脉的血液那样循环;在第 3 卷第 8 章,他认为存在血液循环,参与循环的血管应该是主动脉和腔静脉,也就是说,他否认它们的分支也参与循环。他说道:"因为血液会流进身体的第二和第三区域的部位,为了营养会留在它们内部,不会再流回大血管,除非大血管极度缺血,或者有一个突发的力刺激它们流进循环的主干道。"稍后他又写道:"因此,静脉中的血液凭借本性源源不断地向上流,返回心脏;动脉中的血液则不断向下、远离心脏。但是,如果手臂和腿部的小静脉缺乏血液,大静脉的血液就会向下填充这些血管,直到血液耗尽。在这一点上,我已经就哈维和华莱士(Johannes Walaeus,1604—1649)的观点进行了反驳并阐明了我的观点。"他指出,由于盖伦的学说和日常经验都证实了动静脉之间存在交汇处以及血液循环的必要性,"你们会看到,"他说,"在不扰乱体液调和,也不推翻传统医学观的前提下,血液循环是如何成立的。"

　　从这些话中我们可以看出为什么这位著名的解剖学家既部分认同又部分反对血液循环理论,他纠结和暧昧的态度来自对传统医学受到威胁的担忧。也就是说,他并不是因为热爱真理(他已

---

1. J. Riolan: *Encheiridium anatomicum et pathologicum*. Paris: G. Meturas, 1648.
　　——译者注

经看到了，但没有选择相信）才克制谨慎地发表言论，而是为了维护传统医学而过分小心翼翼，或者是不想收回他曾在《人类学》提出的生理学观点。实际上，血液循环的观念不仅不会冲击，反而还会推进传统医学。它反对的是现今医学界流行的生理学以及他们对自然事物的看法，不认同目前对心脏、肺以及其他内脏的行动和功用的解剖学解释。关于血液循环的内容，里奥朗的著作提及了一部分，另一部分就是我接下来要补充论证的。即，全身的血液，在活体内任何一个位置都在流动和位移，不管是在血管的主干还是分支，或是任何部位的疏松组织；血液持续不间断地流进心脏再流出心脏，没有滞留在任何一个地方。尽管我承认血液在不同的时间和地点流动得或快或慢。

首先，尊敬的里奥朗先生只是否认了门静脉中的血液存在循环，他在证明该观点的过程中不恰当地缩小了论证生效的范围。他在著作的第 3 卷第 8 章中写道："如果心脏每跳动一下都吸入一丁点血液并挤到动脉里，一个小时之内心脏跳动 2000 下，就会有大量的血液在这段时间里流经心脏。"如果他同意这一点，那么他就必须承认，在肠系膜中也是如此，因为腹腔动脉和肠系膜动脉随着每次脉搏挤进肠系膜及其静脉的血液不止一丁点，那么这些血液就必须以某种方式再流出静脉，否则门静脉的分支最终将会破裂。要想解决这个困难，以下几个方案都行不通：一、设想肠系膜中的血液像尤里普斯的河水一样涨潮和退潮，盲目地在这些动脉中前进又后退；二、设想这些血管中的血液又重新回到主动脉，对抗从主动脉流进来的反方向的血液；三、设想有任何替代性的管道使得血液可以不间断地持续流出肠系膜，就像心脏通往肠系膜的管道那样确定和必然。很显然，如果里奥朗要把他这似是而非的论证贯彻到心室的运动中去，那么他将推翻整个血液循环设想。因为他将会认同，心脏在收缩时把血液挤入主动脉，在舒张时又把主动脉的血液吸回来，此时主动脉是空的，就像心室挤出血液时那样。如此一来，在心脏和肠系膜中都不存在血液循环，而只存在一股时而前进时而倒退的无效流动。因此，如果里奥朗赞同心脏中必然存在循环的原因，那么这个论证在肠系膜中也应当具有同样的效力；相对地，如果他否认肠系膜中存在循环，那么他也应当否认心脏中的血液循环。对心脏的论证和对肠系膜的论证其实具有相同的效力，要么都成立，要么都不成立，只不过是词汇不同罢了。

里奥朗提到"半月瓣阻挡了血液返回心脏，但是肠系膜中没有瓣膜"，这也是不正确的，因为我们在脾静脉中发现过瓣膜，另外一些静脉也有。而且，并不是每一处静脉都需要瓣膜，肢体中一些较深的静脉就没有瓣膜，体表的皮下静脉反而有。在那些血液自然向下流动，就能从小静脉汇入大静脉的血管中，周围的肌肉压力已经足够充分地阻止血液倒流，把它们挤入开阔的通道，在这种情况下还需要瓣膜吗？还有，每次脉搏挤入肠系膜的血液是可以计算的，在手腕上做一个中等结扎，可以算出从手部动脉流到静脉的血液（注意肠系膜动脉比手腕的动脉还要大）。你计算一下当手部静脉膨胀到整个手都肿起来的时候，脉搏跳动了多少下，简单地做个除法，就会知道每次脉搏会有不止一丁点的血液进入手部，被结扎阻挡无法流出，以涌动的方式充盈了整只手。以此类推，也有如此大量，甚至更多的血液涌入肠系膜，因为肠系膜动脉比手腕动脉更粗。不妨设想一下，即便在一根最小的动脉上划开一个口子，无论我们采取压迫、结扎以及各种艰难的手段限制血液，血流依然会冲破所有的阻碍，用力向外喷射，就像从水枪喷出来一样。我相信，但凡有人见过或思考过这个现象，他就很难相信任何血流能够对抗如此强劲的冲力发生倒流。并且他也不会相信门静脉分支中的血液能够抵抗过这股强劲的血流返回动脉，使得肠系膜不至于膨胀破裂。

除此之外，如果这位博学的先生认为肠系膜分支中的血液并不循环和位移，而是凝滞不动，那么他其实预设了门静脉和腔静脉中是两种不同的血液，具有不同的本性，服务于不同的功用和目的，其中一种需要循环来维持它自身，另一种不需要。我们看不出来这一点，他也没有证明其正确性。

还有，在《百科全书》第2卷第18章，里奥朗补充道："连接肠系膜的第四种血管叫作'乳糜静脉'（Vena Lactea），由阿塞利（Gaspare Aselli，1581—1625）发现。"他还配上了一张图，表示"从肠道提取的所有食物消化液就是通过乳糜静脉流入肝脏——生产血液的地方，食物消化液在肝脏进行调和，转化成血液"[1]。"血液从肝脏出发，流经了右心室，"他说[2]，"从前关于

---

1. 《百科全书》第3卷第8章。
2. 同上，第2卷第18章。

这些通道同时传输血液和乳糜的困难全部都迎刃而解，因为乳糜是由乳糜静脉传输到肝脏，两者的通道是分离的。"然而我想知道这是如何可能的，乳糜到达肝脏之后又是如何流经腔静脉到达心室的。（因为这位博学的先生否认肝脏附近的血管群存在血液流动，即血液循环）尤其是血液比血管中的乳糜含有更多的精气，有更强的渗透性，它们本可以在脉搏的驱动下找到另外的通道。

这位博学的先生提到他还会写一本专门论述血液循环的著作，我希望我能拜读，到时我也许会改变主意。但如果他认同门静脉和腔静脉的分支也存在血液循环——就像他在著作的第 3 卷第 8 章所说，"静脉中的血液本质上持续不断地向上流回心脏，就像所有动脉中的血液向下远离心脏一样。"——虽然我还没看到他的认同，但如果从这个立场出发，我可以说关于乳糜和血液共享一个通道这类质疑同样能够消解。我们并不需要去寻找或安排一个专供乳糜的管道，因为脐带静脉就是直接从鸡蛋液中汲取营养来促进小鸡生长，胎儿的肠系膜静脉也可以从肠道中汲取乳糜并传输到肝脏，那我们为什么不能断言成年人体内也是如此？只要我们不要设想相同的管道内有两个相反的运动，而是设想肠系膜内只有一个运动，持续不断地从肠道到肝脏，这样所有的困难都能迎刃而解。

我会在另外的地方澄清"乳糜静脉"到底是怎么回事。我在许多动物的新生儿，尤其是人类胎儿的好几个部位都发现了乳糜，例如肠系膜及其所有的腺体，胸腺，还有婴幼儿的腋窝和乳腺。助产士会为了他们所谓的健康清除这些乳糜。

更进一步地，这位博学的先生不仅声称肠系膜中没有血液循环，而且腔静脉的分支、动脉分支，以及任何一个第二、三区域的部位都没有血液循环；换言之，血液循环只存在于腔静脉和主动脉之间。在第3卷第8章，他给出了一个非常弱的理由："因为血液会流进第二、三区域的所有部位，为了营养会留在它们内部，不会再流回大血管，除非大血管极度缺血，或者有一个突发的力刺激它们流进循环的主干道。"

的确，用于营养的那部分血液确实滞留了下来，因为如果它们没法被那个部位吸收，那就谈不上营养；血液补充了一个部位丧失的养分，并与它融为一体。但是，没有必要让所有流经的血液都停滞，因为其中只有很小一部分会被转换。任何一个部位都不需要如此大量的血液为之提供营养，以至于囊括了所有的静脉、动脉和疏松组织里的血液；血液流进再流出之后也没必要一点营养都不剩。因此，大可不必为了营养让所有血液都停滞。但是这位博学的先生在他那本小册子里的几乎每一处都在宣称相反的结论，尤其是在描述大脑的血液循环时，他说："因为大脑通过循环将血液送回心脏，所以心脏变冷了。"按照这个说法，每一个远端的身体部位都能使心脏降温。当有人发烧时，心脏相关的部位被剧烈地消耗，而且持续被高温烧灼，病人通常会脱掉外套、离开被褥来寻求心脏的冷却。然而，根据这位博学的先生对大脑的论述，血液是清凉的且能降温，通过静脉流向心脏并使后者冷却。通过这种方式，这位博学的先生或多或少地允许所有部位的血液都像大脑的血液一样存在循环，而这是他之前公开反对的结论。另外，他又小心翼翼模棱两可地宣称血液不会从第二、三区域的部位返回，除非是主干道缺乏血液将之吸入或是受到突发的力的驱使。如果能正确地理解这句话的含义，它实际上是对的。因为主干道如果出现真空的确会导致血液回流，我想里奥朗一定明白这指的是腔静脉，即他所谓的循环静脉，而不是动脉。因为动脉从来不会缺乏血液，它们持续不断地被心脏搏动挤入的血液所填充，除非血液进入静脉或身体各部分的疏松组织。但是在腔静脉或者循环血管中，由于血液快速地流回心脏，就会出现大规模的缺血，除非各个部位的血液持续地返回大静脉。还要补充一点，由于脉搏驱动着血液涌入第二、三区域，因而疏松组织的血液会被推入小静脉，静脉分支的血液会被推入大静脉；另外，由于周围部位的运动和压迫，所有静脉都被压缩，挤出其中的血液。也就是说，肌肉和关节的运动对其中的静脉分支造成了挤压和收缩，促使血管将血液从分支推入主干。

血液在脉搏的推动下源源不断地从动脉流入身体各部分，形成一股无法倒流的冲击力，这一点是毋庸置疑的。如果承认动脉的每一次搏动都会由于血流的冲击而同时扩张，并且（正如这位博学的先生自己承认的那样）动脉的扩张是来自心脏的收缩，而由于瓣膜的存在，血液一旦涌入动脉便再也无法返回心室。我想说的是，如果这位博学的先生接受以上结论（他看起来的确是接受了），那么很显然血液也会随着这股冲击力射入身体所有区域的各个部分。因为在全身的各个部分中，只要脉搏波及的地方，就会有血流涌入；而我们在每个地方都能感觉到脉搏，即便是在指尖的指甲盖下方。当身上任何一个小地方发炎或化脓感染时，我们都能明显地捕捉到有力的脉搏，血液仿佛要冲破血管，撕裂脓肿似的。

更明显的是，手脚的皮下组织也存在血液循环。因为在霜冻和严寒的天气人们常常手脚冰凉，尤其是小孩，他们的手脚摸起来就像冰块一样，而且都冻僵了，甚至失去了知觉和行动能力。与此同时，它们看起来又红又肿，充盈着血液。如果不通过循环，这些部位无法暖和起来，来自动脉的新鲜、温热、充满精气的血流驱赶了耗尽了精气和热的冰凉血液，重新唤醒这个部位，让它们恢复温暖、知觉和运动能力。它们无法依靠火或者外部的热让自己恢复生机，就如同那些死去的肢体一样，它们只能通过身体内部的热恢复生机。实际上，这就是血液循环首要的功用和目的，血液持续不断地在血管中流动和循环，其原因就是使依赖于它的各个部分能够维持它们生命所需的原生热、活力和生命力，从而实现各部分的功能。根据生理学家所说，身体各部分的维系和运作就是依赖热流和生命精气。因此，在两种极端的调节下，即热和冷的中和，动物的身体保持着适当的体温。通过呼吸，体外的空气调节了肺部以及身体中心过多的热，体内使人窒息的烟气也得以排出；同时，热的血液经由动脉传递到全身，温暖所有远端的身体部位，使它们保持活力，不至于被外界的寒冷所侵蚀。

因此，身体的每一个部分都受益于血液循环带来的血液转换，否则将是不公平的，令人难以置信。因为这是自然最好的安排。所以请允许我总结一下，血液循环的运作避开了体液的混入与干扰，无论是在全身还是在各个部分，无论是在大血管还是小血管，血液循环对于完善各部分都是必要的——没有循环的帮助，身体各部分就无法从寒冷和虚弱中恢复活力，持续自己的生命。因此，这足以说明用于维系生命的热是通过动脉传递，由血液循环来实现。

因此在我看来，博学的里奥朗先生在《百科全书》中声称有些部位没有循环，这更多是一种随意的讨论，而不是对真理的肯定。毫无疑问，这种说法会使大多数人都满意，不会引发强烈的反对。他这么写看上去是出于礼节而不是对真理的热爱或严肃的追求。同样的态度体现在他对血液到达左心室的途径的看法[1]，他宁愿认为血液是通过心室中隔这样隐秘不可见的通道到达左心室，也不愿选择开阔可见的肺部血管作为其通道，后者还有巧妙的瓣膜装置能够阻止回流。他声称已经在其他地方提供了论证其不可能和不融贯的理由，我非常想看一看。如果主动脉和肺动脉具有相同的大小、位置和结构，却没有相同的功能，这是多么令人难以置信啊。而全身的血液构成了如此强势的血流，以如此大的驱动力从左心室离开，却竟然是通过小到看不见并且还弯弯曲曲的中隔通道进入左心室，这是绝对不可能的。这股血流就是从腔静脉进入右心室，再离开左心室的血流，这两端的通道

---

1. 《百科全书》第 3 卷第 8 章。

都是如此宽敞啊。然而里奥朗先生得出了一些不协调的结论，他把肺当成了心脏的出口和某种净化池，他说："肺受到流经血液的侵蚀，血液中混合了污秽。"他又说："那些生病和受损的内脏为心脏提供了不纯净的血液，心脏无法修复那些不完善，只能通过流经肺多次循环。"在同一个地方他还谈到关于放血、呼吸不畅以及肺部血管和静脉连通的相关话题，他反对盖伦："如果血液的确是天然地从右心室流进肺部，然后到达左心室和主动脉；换言之，如果血液循环理论成立的话，那么肺部患病就是因为肺部聚集的血液量太大，超出了肺的负荷。根据希波克拉底的建议，我们可以在肺部肿胀时从身体的各个部分先排出一定比例的血液，包括头、鼻子、舌头、手臂和脚，这样血液总量就有所减少，此时再排出肺部的血液，直至肺部的血液都被清空。"他接着说，"假设血液循环存在，肺部的血液很容易从静脉切口中流光，如果有人反对这一点，我不知道怎么才能把肺部的血液排空。因为，如果肺部的血液试图从肺静脉倒流回右心室，会被半月瓣阻挡；从右心室倒流回腔静脉时又会被三尖瓣阻挡。因此，血液是通过循环才能从手臂或腿部的静脉切口排空。同时菲涅留斯（Joannes Fernelius，1497—1558）关于肺部损伤的观点就被推翻了，他认为最好从右臂抽血而不是左臂。但是血液无法回到腔静脉，除非血流冲破心脏的两层瓣膜。"[1]

他在同一个地方补充道："如果血液循环理论成立，也就是

---

1. 《百科全书》，第 3 卷第 6 章。

说，血液通常从肺部而不是心脏中隔来到左心室，那么血液循环就必然由两个部分组成。第一个由心脏和肺脏完成，血液从右心室涌入肺，随后到达左心室。这个路程很短，就是从心脏到另一个内脏再回到心脏。第二个的循环路程更长，血液从左心室出发，流经全身的动脉，再从静脉返回至右心室。"[1]

这位博学的先生很有可能得再加上第三个，一个非常短的循环：从左心室到右心室的一部分血液，通过分布在心脏脏体、心脏壁以及心室中隔上的细小分支，在冠状动脉和冠状静脉之间循环。

他说："只要承认了其中一个循环，就不能否认另一个。"他也许会补充，同样也不能否认第三个。因为，如果不是循环所需，那么在心脏的冠状动脉里保留脉搏的目的是什么？以及如果不是为了获取心脏的血液，为什么需要冠状静脉的存在（静脉的功能和目的是接收来自动脉的血液）？并且，冠状静脉中普遍存在瓣膜（这位博学的先生在第3卷第9章也承认），引导血液流出静脉，阻止血液流回静脉。因此，承认肺和大脑存在循环[2]的人，也必然承认第三个循环。同理，也不能否认在全身的每个部分，血流都伴随着脉搏流入，再从静脉流出。不能否认任何一个部分同等地经历了循环。

从里奥朗先生自己的话中我们可以清楚地得知他对于全身循

---

1. 《百科全书》，第3卷第6章。
2. 同上，第4卷第2章。

环和肺部及其他部位循环的观点，他承认了前者，很显然就不能再否认后者，但他是怎么做到如此频繁地声称全身循环，或者说血管主干的循环，却否认第二和第三区域的身体部位以及血管分支的循环呢？就仿佛他所谓的"循环主干道"的静脉们不被他自己和所有解剖学家算在身体的第二区域一样。血液在全身进行循环，怎么可能不进入各个部位呢？因而他在否认这一点的时候犹豫不定，闪烁其词，言之无物。但另一方面，他在陈述如下判断和理由时又是那样坚定不移，像一个哲学家一样。他提议对于严重的肺部疾病，放血应当是终极的疗法。针对这个与盖伦和他最敬佩的菲涅留斯相反的观点，他表现得像一个经验丰富的医生和刚正不阿的人。无论他受到怎样的质疑，我相信作为一个才学深厚的基督教徒，他并不想将可能致死和危害生命的实验推荐给后辈，也不想违逆盖伦和菲涅留斯的教诲，毕竟他对后者的看法极为尊重。因此无论如何，他对血液循环的否认，不管是肠系膜的还是其他身体部位的，也不管是出于乳糜静脉的存在还是尊重传统医学或是其他原因，我们都应该看作他的一种礼貌和谦逊，给予原谅。

通过这位博学的先生本人的陈述和论证，我们已经清楚地看到，全身各处都存在血液循环，血液持续不断地流动和位移，通过静脉回到心脏。这位博学的先生实际上认同我的看法，因而没有必要再转述我在已出版的《心血运动论》中所列举的理由，进一步确证这个结论，这么做是多余的。这些理由包括血管的结构、瓣膜的位置，以及其他实验和观察。尤其是我目前还未看到这位先生关于血液循环的著作，还没有找到更多的论证，他只是在简单粗暴地否认大部分的身体部位和血管不存在全身循环的那种血液循环。

实际上，我曾通过盖伦的权威和日常经验为血管之间的交汇处提供了合理性辩护，而这位伟大的先生，一位专业、严谨又勤勉的解剖学家应当首先展示和说明大动脉和大静脉之间的交汇处，为了与如此大量和湍急的血液相匹配，这些交汇处应当是开阔可见的深渊，比他否认存在循环的那些血管分支要大得多。他还应当展示和说明这些交汇处在哪，它们的结构如何，它们是否只允许血液往静脉的方向流动而不允许倒流（就像我们看到输尿管插入膀胱那样），以及它们有何其他的精妙之处。但是恕我直言，无论是这位博学的先生还是盖伦本人，或者是通过任何的实验，都找不到可见可感的交汇处，也无法展示它们。

我曾经也费尽了一切心思，花费了许多时间和精力研究这些交汇处，但我从未成功地找到过它们，即动脉和静脉相互连接的小孔。我本可以像盖伦的信徒一样，将盖伦说过的所有话都奉为真理，但实际上在肝脏、脾脏、肺脏、肾脏以及其他所有内脏里都没有交汇处。用高温加热它们，直到整个内脏的薄壁组织都变成松散的粉末状，此时如果这些交汇处存在，我们可以用针尖将它们从血管纤维中挑出来，从而观察到这些毛细的连接。因此，我敢大胆地断定，无论是门静脉和腔静脉之间、动脉和静脉之间，还是分布在肝脏表面的胆囊小血管和静脉之间，都不存在交汇处。我们只能在活体的肝脏内观察到它们，腔静脉的分支爬满了肝脏隆起的部分，它们的管壁布满了数不清的小孔，就像是专门的水槽，为了接住从肝脏中降落的血液。门静脉的分支则有所不同，它们呈树枝状，一束分布在平坦的地方，另一束分布在隆起的地方，从肝门的裂缝向上延伸到肝脏的每个角落，互相之间没有交汇处。

我只在三个地方发现了类似血管交汇处的结构。首先是在大脑中，这些结构从催眠动脉延伸到脑部基底，生出许多交错的纤维，构成了脉络丛，穿过侧脑室分布至第三脑室，合并统一后承担静脉的功能。其次是在精索静脉中，这些结构通常被称作预备性小动脉，从主动脉发源并伴行在所谓的预备性静脉旁边，一段距离后进入静脉的管壁，仿佛共享同一个终端。它们在睾丸的上部终止，进入了一个圆锥形的构造，人们通常称之为曲张体和蔓状丛，但其实我们不确定它到底是静脉还是动脉的终端，抑或是两者共同的。最后，脐带静脉旁边的动脉也是以同样的方式进入了脐带静脉的管壁。

毫无疑问，主动脉充盈着汹涌澎湃的血液，主动脉的交汇处按道理也如同深渊一般，流淌着大量且显眼的激流，这难道会轻易地不见吗？如果自然真的希望全身的血液流经这样峡谷般的交汇处，从而阻止血管分支和身体部分从血液中受益，那她至少绝不可能让我们完全观察不到。

最后，我将援引一个单独的实验，它能够充分地说明交汇处及其功用（如果它们存在的话），推翻那些认为血液是直接从静脉通过倒流或其他的方式进入动脉的观点。

剖开一只动物的胸腔，结扎靠近心脏的腔静脉，使血液无法由此进入心脏。然后立刻划开另一边的颈动脉，不要伤及静脉。如果你看到动脉血从切口中流光，但是静脉没有变化，我想这显然就能得出血液离开静脉进入动脉的唯一通道就是心室这一结论。否则（正如盖伦注意到的）我们将会看到，随着动脉切口的出血，静脉和动脉一样在极短时间内就会流空。

最后，里奥朗先生，我同时祝贺我们两个。祝贺我自己是因为您探讨了我的血液循环理论，这对我来说意义重大；祝贺您是因为您的大作满载丰厚的学识，同时简洁利落，优雅非凡。我由衷地感谢您赠予我这份厚礼，我十分乐意对此著作大赞溢美之词，但我想应该没有必要，因为我知道里奥朗这个署名所表达的荣耀远超我所有的赞美。这本伟大的作品将会扬名立万，千古流传。您以最精彩的方式将解剖学融入了病理学，并成功地将之充实为全新且实用的骨学著作。尊敬的里奥朗先生，祝愿您健康长寿，幸福美满，事业有成，誉满天下。

威廉·哈维

给里奥朗的第二封信——
回应对血液循环理论的反对意见

尊敬的里奥朗先生：

　　许多年前，我在出版社的帮助下发表了一部分我的成果，但自从血液循环理论诞生以来，我几乎每一天，甚至是每几个小时，都会收到对循环理论的支持或反对意见。一些人想摧毁它，把它扼杀在摇篮中；另一些人想要呵护这个苗子，希望它发展壮大。两边的意见都立场坚定，态度鲜明，争论非常激烈。支持者认为，通过实验、观察以及我本人的亲眼见证，我已经建立血液循环的可靠论证；反对者则认为循环理论没有得到充分的阐明，而且面对反对意见我无法妥善地为自己辩护。还有一些更过分的人，他们指责我在活体解剖上的努力是徒劳的，他们幼稚地嘲笑和贬低我用于解剖的那些动物，包括青蛙、蛇、苍蝇还有一些更低等的动物，说出来的全是粗俗的话。但我认为用粗话回应粗话不是一个哲学家和追寻真理的人该做的事，更好和更明智的做法是用事实和观察证据来扫清这些不礼貌的行为。

我们无法阻止狗叫，也无法阻止吃多了的人呕吐；同样我们也无法避免犬儒小人混入哲学家的行列。但要注意的是，犬儒并不会像狗一样狂吠，也不会疯狂地攻击人，甚至不会用他们的狗牙撕咬骨头或真理的根基。

对于那些诽谤我、讽刺我以及玷污我的人，我从不打算看他们写的东西，其中没有实质性的内容，除了粗话看不到任何别的，我也不认为他们值得我回应。就让他们沉浸在邪恶的本性中，我相信他们很难找到读者。上帝不会把智慧赠予邪恶，这是世界上最了不起的，也是最值得我们追求的品质。就让这些人自娱自乐，直到他们厌倦这种本性（如果不是为之感到羞愧）。

根据亚里士多德的说法，如果你愿意与赫拉克利特（Heraclitus of Ephesus，前535—前475）一起进入"工作坊"（这是我的用词）考察那些低等的动物，你会发现不朽的神也存在于此。最伟大的造物主有时是在最卑下和最微不足道的动物身上显示自己的力量。

在《心血运动论》里，我提出了许多我亲自观察到的证据，我想那些论证足以说明真相、推翻错误，因而省略了很多从解剖中得到的其他证据，我认为那是多余的和不必要的。现在我将简要地补充它们，以供真诚好学的同仁参考。

盖伦的权威实在太过强大，以至于我看到有好几个人对他关于结扎动脉的实验表现出犹豫的态度。这个实验是将一根芦苇管插进动脉管内，然后把两者结扎在一起。它的目的是说明脉搏是由于心脏的搏动力顺着动脉管壁不断传递造成的，而不是血液冲击管壁造成的；也就是说，动脉的膨胀是像风箱那样被吹鼓，而不是像水袋那样被充盈。

这个实验是资深解剖学家维萨留斯提到的，但是盖伦和维萨留斯都没有表示过他们实际做过这个实验，但是我做过。维萨留斯只是设计了这个实验，盖伦也只是给那些追寻真理的人提供了一个建议。我在这里并不是要抱怨这个实验有多么困难，或者控诉实验设计的空虚和漫无目的，因为就算我们千方百计地做成了，它也不能证实动脉壁是脉搏的原因，反而能够说明脉搏的原因正是来自血液的冲击。因为，只要你用一根绳子扎紧动脉和芦苇管，结扎以上的动脉就会由于血流的冲击立刻膨胀起来，而且向前的血流还会因为冲击而往回反弹；结扎以下的那一段动脉则几乎没有脉搏，因为没有血流冲进管道，大多数血液都在结扎上方反弹回去了。然而，如果你切开芦苇管下方的动脉，会看到相反的景象，血液流经芦苇管从切口处向外喷射。就和动脉瘤的情况一样（我在《心血运动论》中提过），动脉瘤源于动脉壁的损坏，血液被包裹在囊膜结构中，后者不同于膨胀的动脉管壁，而是一些变异的膜和肉。你可以感觉到动脉瘤以下的动脉搏动非常微弱，然而动脉瘤之上，尤其是动脉瘤自身的搏动非常强烈有力。由此我们不难想象，动脉的搏动和膨胀并不是由管壁产生的，即不是包含血液的容器之间的力量传递，而仅仅是来自血液的冲击。

为了更清楚地揭示维萨留斯以及少数人做的实验的谬误之

处——他们声称（或是设想）结扎以下的那部分芦苇管并不搏动——我亲自动手做了这个实验，据此告诉大家在正确的操作下那部分的芦苇管实际上是搏动的。以及，他们还说当松开结扎时下方的动脉恢复了搏动，但我要说的是松开结扎后比结扎时搏动更微弱。

但是，从切口喷射出的血液让一切都无法解释，并且让这个实验苍白无力，丧失了它的意义。如果不考虑血流强大的冲击力，所有现象都得不到确切的阐明。然而，如果（据我亲身经验）你在切开动脉后用手指压迫切口，你可以感受到几件事，从而明白真相到底是怎样的。首先，你可以在每次搏动都感受到血液的力量，感受到血液流动到下方的动脉，后者随之扩张。然后你可以试着松开一个任意大小的孔，再挤压动脉，让血流出来；如果你只松开很窄的一条缝，你会看到随着每次搏动血液都是一下一下地跳跃出来，就像我们在动脉手术或心脏穿孔时看到的那样，心脏每次收缩，都伴随着血液的喷射以及动脉的扩张。如果你放任动脉血自由充沛地往外流，无论是通过导管还是切开一个口子，你可以通过观看和触摸清楚地感知这股血流，会发现它和心脏有着完全相同的节奏、顺序、力度和间隔。就像你能够清楚地分辨从水枪射到掌心的水流具有不同力度，你也能一边看一边感受，动脉喷射出的血液具有不均等的冲击力。我有一次偶然在颈动脉的切口中感受到了这种力量，血流从4—5英尺以外的距离喷射到了我手上，它冲过来，然后反弹，往回又喷射了一段距离。

为了更清楚地澄清这个疑问，阐明脉搏并不是心脏的搏动力传递给动脉管壁所致，我举一个例子：我有一条跨度较长的下行主动脉及其两条股动脉分支的标本。它来自一位非常尊贵的先生，当他还健在时，这部分血管就已经从内部硬化了，像导管一样。血液顺着这部分动脉向下流动到脚，通过冲击力刺激着下肢的动脉。在这个例子中，这条动脉就相当于盖伦实验里的导管。因此，它不可能像风箱那样膨胀或变窄，也不可能从心脏承接搏动力然后再传到下方或更小的动脉里，更不可能通过骨头一般的固体结构来传递一种它甚至接收不到的搏动力。无论如何，我记得非常清楚，在它的主人活着的时候，我经常观察他腿部和脚部的脉搏。因为我是这位先生长期的私人医生，他也是我非常亲密的朋友。因此我确信这位先生的下肢动脉是由于血液的冲击，以水袋的方式膨胀；而不是通过管壁的扩张，像风箱那样膨胀。因为当一条动脉完全转变为硬化的导管时，它不可能接收到搏动的力，而这与用一条硬化的导管插入一根动脉来做实验，效果应当是一样的，那就是动脉无法搏动。

我还知道另一位权贵，他靠近心脏的主动脉也被制成了圆形的标本。因此盖伦的实验，或者说相当于他实验的素材，很偶然地彻底表明了（而非刻意寻求）脉搏的平息并不是由于结扎压迫了动脉管而使动脉无法搏动。如果有人真的按照盖伦的要求把实验做出来，他也会发现维萨留斯希望通过这个实验证明的观点是错的。实际上，我并没有否认动脉管的所有运动，但我只承认类似于心脏外壁在收缩时和舒张时形态不一样的那种运动。值得注意的是，收缩和舒张并不是以相同的方式完成的，心脏的运动就像身体其他部位的运动一样，涉及不同的原因和手段。心脏舒张是由于心房，收缩则是出于它自己；同样地，动脉的扩张是由于心脏，平息则是由于它自己。

你还可以做另一个实验，取两个相同容积的容器，一个承接往外喷射的动脉血，另一个承接从同一只动物静脉中抽出来的静脉血，分别盛满它们，你可以立刻感受到两者的差别。一段时间后容器里的血液凝结变冷，你再观察它们的差别。由此你一定会反对那些认为动脉血和静脉血是两种不同的血液的观点。该观点认为，动脉血更鲜艳，它们以某些未知的方式使大量的精气沸腾冒泡，就像牛奶或蜂蜜加热后沸腾、膨胀，占据了更多的空间。但是，如果说从左心室涌进动脉的血液会充分地沸腾、起泡，从而膨胀一到两倍的体积，填满了主动脉的所有空间；那么当这种沸腾平息了之后血液无疑会恢复到某个体积（一些人举出尸体的动脉是空的作为证据）。因而，我们在盛满动脉血的容器中理应也能观察到这一点，就像我们在冷却的牛奶和蜂蜜中看到的那样。但是，我们实际上会发现，当两个容器的血液都冷却凝结之后，它们的颜色、质地都很相似，分离出的血清也很相似，从温热到冷却前后所占体积也是一样的。我想这个证据足以推翻那些人的想当然，使所有人相信左心室和右心室的血液没有区别，无论是感官上还是理性上。否则我们不得不进一步宣称，肺静脉也由于沸腾的血液相应地膨胀，同样地，右心室也像左心室一样沸腾膨胀，同理，还有肺动脉的入口和主动脉的出口。

人们认为血液是多样的主要根据以下三点：第一，切开动脉时，流出来的血液更加鲜红明亮；第二，尸体解剖时通常发现左心室和动脉是空的；第三，他们认为动脉血含有更多精气，气体性更强，因而体积更大。我们接下来考察出现这些现象的原因和理由。

　　首先是颜色。血液流经很窄的通道时就会收紧，此时更轻薄和更鲜亮的部分会浮在表面，具有更强的穿透性，率先流出来。因此在放血术中，如果切开一条相对较粗的血管，大量的血液喷涌而出，喷射得较远，此时的血液就较为浓厚，颜色较暗。相对地，如果血液从一个小口中一滴一滴地渗出来（通常出现在结扎松开后的静脉切口），看起来就会更鲜艳，因为它被收紧，只有更薄和更具穿透力的那部分血液流出来。在流鼻血、被水蛭咬伤、被玻璃划伤，以及其他渗血的情况中我们可以看到这样的血液，因为血管壁又硬又厚，难以穿透，不会让血液顺畅地流出来。同样的情况还会发生在肥胖的个体身上，其静脉受到皮下脂肪的压迫，流出来的血液会更轻薄、鲜红，像动脉血一样。相对地，如果我们在动脉上划开一个大口子，让血液自由地流出，此时的血液看起来就像静脉血。肺部的血液是最鲜艳的，比动脉血更鲜艳。

　　其次，尸体中的动脉是空的（也许就是这一点误导埃拉西斯特拉图斯认为动脉只含有精气），这是因为，肺脏衰竭时关闭了它的通道，不再呼吸，因而血液无法通过肺。但是此时的心脏还会持续运动一段时间，当左心室继续收缩时，动脉收不到血液，因此是空的。如果在某些情况下心脏已经衰竭了但肺还在呼吸，比如在冷水中溺水窒息，或是突然昏厥而亡，此时可以发现动脉和静脉一样是充实的。

至于第三个因素精气，关于精气到底是什么有许多不一致的说法，例如它们在身体中的状态，它们的质地，以及它们和血液还有其他物质是分离的还是混合的。所以无可避免的是，由于精气的本质尚未被探明，所以它们成了无知的诡计：但凡那些无知的人找不到一个现象的原因，就说是精气造成的。这就像在糟糕的戏剧中，人们采用"机械降神"（deus ex machina）的方式自圆其说，即突然出现一个拥有强大力量的神来解释舞台上的剧情或是强行解围。

菲涅留斯和其他人设想了一种气体形态的精气，它们是不可见的实体。他发现大脑中有一些小的空间，但自然不接受真空，因此在活体中这些空间一定是被精气填充的。由此他验证了灵魂精气（spiritus animales）的存在。埃拉西斯特拉图斯也是以这种方式论证了动脉中包含精气。实际上，学院派的医生普遍认同存在三种精气，即静脉中的自然精气（spiritus naturales）、动脉中的生命精气和神经中的灵魂精气。医生们继承了盖伦的观点，认为那些能力（facultas）和实质（essentia）——精气受到限制的身体部分，以及没有精气的部分，它们的运作需要大脑的协调。而且，除了这三种流动的精气，他们声称还有三种静止的精气。不过我在静脉、神经、动脉和活体动物的各部分中都没有找到过它们。一些人认为精气是有形的，另一些人认为是无形的。一部分有形论者认为血液——或者说最轻薄的那部分血液是灵魂和身体联结的中介；他们有时候设想精气在血液中（就如同火焰在烟中），并在持续的血流中维系自身；有时候他们又设想精气是独立于血液的。无形论者对这些问题没什么立场，但他们会把精气和身体潜在的能力（potentia）联系起来，例如消化精气、形成乳糜的精气、生殖精气等等，身体的部分有多少种能力，就有多少种精气。

另外，学院派的人还列举过坚韧精气、审慎精气、耐心精气，以及所有的美德精气，其中最神圣的是智慧精气，是神的馈赠。更进一步地，他们设想同时存在善的精气与恶的精气，它们时而帮助我们，时而主导我们，时而离开我们，时而徘徊在我们身边。他们认为疾病就是由于邪恶的精气侵蚀了我们的体液所致。无论如何，对于精气的传统观念充满疑问和不确定，但是大部分的医生都同意希波克拉底的观点，他认为我们的身体由三种部分组成——包含者（partes continenta）、被包含者（partes contentis）和驱动者（impetum facientes），驱动者指的就是精气。然而，如果把精气理解为驱动者，那么在活体中所有具有力量和驱动力的部分都属于精气，这样的话精气就不一定都是气体，也不一定都有能力；类似地，精气不一定都有形，也不一定都无形。

无论如何，暂时搁置其他无关紧要的讨论，对我们的主题最重要的是，静脉和动脉中同时存在的精气，实际上包含在血液中，就像火焰和诞生了火焰的燃烧气体。尽管血液和精气的实质不同，但它们是一个统一体，就像醇香的酒和它的酒精一样，酒失去了酒精就不再是酒，只是平庸的水或者醋，因而血液失去了精气也不再是血液，只是流动的红色液体。正如一个石头做的手或者尸体的手不再是手，没有生命精气的血液也不再是那个宝贵的血液。因此，精气主要存在于动脉中，是动脉血的产物，它就像酒里的酒精、白兰地的芳香，或是点燃在酒杯之上的一小团火焰，自己维持自己的生命。由此可知，尽管血液富含精气，但并不会因此而膨胀，也不会沸腾起泡从而占据更多的空间，在我们之前提到的实验里，你可以通过测算容器里的血液非常清楚地知道这一点。精气应当被理解为酒一样的东西，拥有强大的力量，在希波克拉底的意义上就是拥有驱动的力量。

因此，动脉血和静脉血是一样的，尽管我承认前者含有更多的精气，而且是生命精气。但是，精气并不会转变为某种气体或蒸腾出水汽，仿佛精气必须是一种气体，或者驱动力必须是像风一样把某物吹鼓。而且，我们也不能认为滞留在诸如韧带和肌腱等部位中的灵魂精气、自然精气和生命精气是多种多样的气体或蒸汽，尤其是这些部位的种类还很多，精气包含在它们褶皱、蜿蜒的固体中。我很乐意向那些有形论者——认为动物体内的精气是有形的，并认为精气是气体、蒸汽，或者带有火的质地——请教一下，在缺乏血液的情况下精气是否可以像独立的实体那样来回穿梭、到处游走呢？据我所知，精气只能跟随血液而运动，无论它们是血液的一部分，还是牢牢地附着在血液上，它们都无法与血液分离，只能随着血液流动。因此，正如水蒸气会随着热的减少而减少，血液里的精气跟着持续不间断的血流为各部分提供营养，精气不会离开血液，但也会不断减少，逐渐耗尽；血液是精气的基质（subjectum）、载体（vehiculum），或营养来源（pabulum），精气只能随着血液流进或是流出、停留或是穿行在身体部位中。

有些人主张精气是在心脏中形成的，在热的作用下或是心跳的震动作用下，心脏将呼吸进体内的空气和血液升腾出的蒸汽合成精气，如此一来，我想请教一下，这样的精气难道不比血液的温度低很多吗？毕竟它的两个组成部分——空气和蒸汽都比血液的温度低。因为沸腾的开水升起的蒸汽没有开水本身那么烫，好比蜡烛的火焰比烛芯的积碳温度更低，木炭比烧红的铁或铜温度更低。由此可以看出，精气的热来自血液，而不是相反。而且，如果精气是以这种方式获得的，那么它应当被理解为血液和身体产生的烟气或者废气（类似煤灰），而不是自然的杰作。尤其是它还非常脆弱，存在的时间很短，即便是从心脏那里获取了什么优良品质也很快就会消失殆尽。因此，肺脏在呼气时很有可能把精气呼出体外，使其在外部得到净化；肺脏吸气时，吸入清凉的空气，使得流经两个心室的血液得到降温和冷却，以免像煮沸的牛奶或蜂蜜那样沸腾膨胀，扩张到肺部，从而导致动物的窒息。我经常看见严重的哮喘就是这样的，而盖伦认为哮喘的原因是细小的动脉（他指的是静脉和动脉）堵塞。我亲眼目睹过不少人在哮喘发作的危急时刻通过拔罐或者突然浇一大桶冷水在身上而得救。总而言之，我对精气的讨论应该已经足够充分了，我接下来必须定义并阐明精气在生理学的意义上到底是什么。

在此我还要补充一下，有些人把原生热当作自然一切行为的普遍工具，认为身体各部分保持温暖和活力是凭借一股热流，他们承认热必须依赖于基质而存在，但又没有找到任何实体能够如此快速地流进和流出各个部位，尤其是在情绪激动的时候。为了符合热运动的速度，这些人引进了精气的概念，认为后者是一种极精细的、强渗透的、可移动的实体，把精气看作是自然利用她的普遍工具（原生热）创造出来的杰作。他们声称精气这般高贵、光明、空灵的天降圣物是灵魂的载体，这就和那些无知之辈每当探究不出事物的原因就把上帝召唤出来作为始作俑者如出一辙。他们还声称热就是通过精气持续地流经身体各部分，动脉是它们的通道，仿佛对同样能够快速地流进、渗透、温暖身体各部分的血液视而不见。他们带着这样的信念否认了动脉里包含血液，并且凭借这一微弱的证据认为动脉血是另一种血液，或者认为动脉里充满了气体状的精气而没有血液，这样的观点完全和盖伦对埃拉西斯特拉图斯有理有据的反驳相违背。实际上，无论是上文的实验还是感官的证据，都足以清晰地证明动脉血就是血液，和静脉血没有太大的区别。感官同样也清楚地证明了血液流入了各部分，精气和血液不可分离，两者作为统一体在动脉中流动。

我们常常可以观察到，如果身体的末端诸如手、脚、耳朵之类的部位冻僵了，当它们随着一股热流恢复的同时，也会变得红润、温热和饱满；之前细小的、几乎被遗忘的静脉会变得明显，微微肿胀。因此当这些部位突然由冷变暖，有时会感觉到一阵刺痛。这表明不仅有热流入了这些部位，同时还有形态的充盈和颜色的变化。因此流入的只能是血液，不可能是别的，就如我之前展示过的那样。

切开一段较长的静脉和动脉，任何人都能清楚地看到，距离心脏更近的静脉切口没有血渗出，而更远的一端有大量血液涌出，而且只有血液，没有别的 [1]。而动脉的情况则是，远端只有很少的血液流出，但靠近心脏的一端血液剧烈地喷射，像水枪一样，只有血液，没有别的。这个实验阐明了两种血管在不同方向上的血流情况，同时阐明了它们的速度、流动的样态（并非缓慢地一滴一滴地）以及向外涌的力度。如果有人还是固执己见，声称精气是看不见的，可以让他把解剖获得的血管切口浸入水里或油里，如果有任何的气体包含在内，就会在水面上冒出可见的泡泡。同理，马蜂、黄蜂等诸如此类的昆虫会在溺死前以同样的方式从尾巴放出少量的气体，它们活着的时候很可能是用这个部位来呼吸。以及，所有动物溺水或在水中窒息时，当它们最后无力挣扎往下沉的时候，通常也会从嘴里和肺里吐出一些气泡，这意味着它们向死亡屈服了。最后，这个实验还表明了静脉瓣膜的闭合非常紧密，吸入的空气不可能进入静脉，静脉里只有血液。感官证据进一步表明，血液无法以任何方式从心脏倒流回静脉，无论是可感的，还是不可感的方式，即便是缓慢地一滴一滴地倒流

---

1. 参见下文（157 页）我用颈内静脉做的实验。

也不可能。

为了避免一些人质疑这些现象都是在自然状态遭到破坏或者非自然的处置下显现的，而不是自然原本的行为，就像生病时和变异时的动物表现得和自然状态、健康状态也不一样，不得不说，在切开静脉的实验中，远端切口的血液大量地涌出的确是因为我们破坏了自然状态，但是我们并没有阻止近端的静脉出血，没有破坏此处的自然状态。另一些人针对动脉有类似的质疑，他们认为尽管近端切口有血液随着脉搏持续大量地涌出，但在完整的心脏和动脉中，并非总是存在一个驱动血液的力。但是，更有可能的情况是，心脏的每一次搏动都有所驱动，不可能只驱动动脉管却不推动里面包含的血液。然而，这些人为了替自己辩解，反对血液循环的观点，他们居然声称在活体和自然状态下的动脉极度充实，容不下哪怕 1 格令[1] 额外的血液，心室也是如此。但毫无疑问的是，每当动脉和心室剧烈收缩和舒张的时候，它们都接收或送出了远大于 1 格令额外的血液。如果心室像他们说的，充实得无法再容纳任何血液（就像我在某次活体解剖中观察到的那样），那么心脏就无法搏动，一直保持着紧张和阻塞的状态，最后造成动物窒息而亡。

关于血液的运动是否由其内在本性来推动这个问题，我在《心血运动论》中已经讨论得很充分了，我还说了心脏是如何通过收缩和舒张完成它的行动与功能，以及动脉的扩张是怎么回

---

1. 格令（grain），英美制最小的重量单位，相当于一粒谷物的重量。——译者注

事。因此那些持有相反论证的人，他们要么理解不了这里所说的一切，要么就是不愿相信自己的眼睛。

我认为我们身体中唯一可以展现吸引力（attractum）的是营养过程。消化液连续为各个部分提供营养并逐渐耗尽，就像灯油逐渐被烛光耗尽一样。这些部分都具有可以引发可感的吸引力和驱动力的普遍器官，即韧带、纤维或肌肉，它们可以通过收缩自己来束紧和缩短，由此也可以伸展自身，吸引和驱动其他物质。不过我会在关于动物的位移运动中更充分公开地探讨这些问题。

一些人反对血液循环理论是因为动力因和目的因的缺失，他们质问血液循环如何有利于动物体。对此我的确无法回答，但还是可以稍加说明。一个人应当首先承认血液循环的存在而不是先追问为何如此（propter quid）。因为血液循环的表现以及它带来的结果已经确凿无疑了，而它的功用和适用性还有待考察。同时，我想说，在生理学、病理学和医疗方面，难道不是有很多事情我们不知道原因，但是从不怀疑它们的存在？例如严重的高烧、放血后的恶心呕吐，以及身体分泌物的净化。尽管这些现象在血液循环理论的帮助下都能得到理解。因此，那些反对循环理论的人要么是因为它不能解决医疗问题，不能治愈疾病，也不能入药；要么是因为他们无法探明这个现象背后的原因；要么是因为不愿意看到自己受的教育是错的，觉得放弃自己的立场是可耻的，觉得质疑上千年的传统观念和前辈的权威是不敬的。对于这些我的回答是，自然的杰作是感官明证的事实，它既不需要声援，也不需要古人的同意，因为自然就是最古老和最伟大的权威。

一些人反对血液循环理论是因为他们认为该理论不能解决医疗上的问题，他们甚至做出了不正确的判断，认为如果血液循环成立，放血疗法就不再有效，因为把生病部位的血液抽走以后又会有持续不断的血液填充进来。我想，持这些观点的人一定是因为害怕身体的分泌物或恶性体液会流经我们最神圣和首要的内脏，也就是心脏。他们担心无论是来自其他部位的分泌物，还是来自管道内部的腐坏血液，只要血液持续地被驱动，它们无论如何都会在流经心脏时与完好的血液混淆在一起。他们很怀疑这样的事情会发生，学院派的医生们不接受血液循环还有很多诸如此类的原因，就像在天文学中，有些人觉得如果不能解决所有的观测问题，那为什么要提出一个新的模型。我对此不打算回应，但是要说明一点，血液循环并非每时每刻在每处都一样，很多因素会导致血液运动或快或慢，例如心脏搏动的强弱、血液的数量、血液的状态和组成成分、身体部位的密度、血流的阻碍因素，等等。浓稠的血液更难通过窄小的管道，因而在流经肝脏时比流经肺时要过滤得更彻底。

血液流经稀疏的肉质组织和薄壁组织与流经致密的肌腱组织是很不一样的。在这个过程中，更薄、更精纯以及富含更多精气的那部分血液更快通过，而更厚重、更黏稠、更不健康以及更迟缓的那部分血液则会被阻挡。用于营养的那部分血液，即终极营养液（ultimum alimentum），无论是通过蒸腾还是通过交换，它们的渗透性是最强的，因为它们需要普遍地滋养每一个部分。即便是在角、羽毛、指甲、头发这样的部位，营养液也会进入到它们的每个角落。因此，分泌物从某些部位中分泌出来并堵在了一起，它们要么增加了我们的体重，要么被其他分泌物调和。我不认为所有的分泌物（或者恶性体液）一旦被分离，就必须跟随血液一起循环，例如乳汁、痰、精液或终极营养液（蒸腾或交换所得）。但是养分一定会附在血液上，与血液黏合在一起。我们应当在更恰当的地方确定和阐述所有这些问题以及其他相关的问题，也就是在关于生理学或医疗的其他领域。因为在血液循环的事实（natura）被充分认可之前，我们无法恰当地讨论这些问题以及它们和血液循环是否矛盾。这里举天文学的例子或许是不恰当的，在这个学科，只要考察实际的现象，就能得出它们之所以如此的原因；但是正如一个人想要知道月食的原因是有物体挡在了月亮前面，他必须通过感官而不是通过对可感事物的推理得到，在一切通过感官得以揭示的事物中，没有比感官或亲眼见证（αὐτοψία）[1] 更可靠的证明（demontratio）来获得信念。

还有一个关键性的实验，我相信所有热爱真理的人都能通过这个实验清楚地了解到脉搏实际上就是来源于血液的冲击。找一段膨胀且晒干的狗、狼或者其他类似动物的肠子（可以在药店买到），切断并且往里灌满水，然后把两端扎紧，制作一个类似香肠的材料。先用一只手的指尖敲击其中一端，令其颤动，然后用另一只手的手指放在另一端（就像平时放在手腕上感受脉

---

1. 即 autopsia，哈维此处特意用了希腊语作为强调。——译者注

搏那样），可以清晰地感受到每一次敲击及其引发的不同运动。所有人都可以通过这种方式（实际上所有活体和尸体上充盈的静脉也是如此），加上讲解，向自己的学生验证搏动的不同表现来自幅度、频率、力量以及节奏上的差异。如果有很长的水管或者很长的鼓，我们每次敲击其中一端，另一端就能同时感受到；同样地，在腹部水肿或者所有填充了液体的脓肿之处也是如此，我们可以轻松地分辨什么是化脓（Anasarca），什么是水肿（Tympanities）。如果每一下敲击和振动都能清晰地传导到另一端，我们就判定是水肿；如果无法传导，就不是。因为后者只是发出了类似胀气导致的打鼓一样的声音（但是实际打鼓时不会出现这样的现象，因为每一下对鼓面的打击，不管多么轻微，鼓面的振动都会传递到每一个角落。）水肿时振动的传导意味着里面包含着浑浊的、类似尿的液体，而不是像化脓时里面的液体是滞缓的、有黏性的，阻碍了振动的传导。

从这个实验可以得出一个反对血液循环理论的有力论据，那些质疑我的作者都没有注意到或没有提及这一点。我们会发现造成搏动的舒张和收缩并不需要液体的流出，这样就可以质疑脉搏会不会也是类似从而不需要血液循环，血液只需像尤里普斯的河水一样做潮汐运动即可？但是我已经在其他地方充分解释过这一点，并且我在此强调动物体内的动脉血不可能如此运动。因为右心房持续不间断地向右心室输送血液，由于三尖瓣的阻挡血液不可能回流；左心房和左心室也是如此，以及两个心室收缩泵血时，半月瓣也阻止了血液的回流。因此，血液必然源源不断地流经肺和全身的动脉，否则它们必将在某个地方停滞不前，开始侵蚀周围，最终造成血管破裂或者心脏堵塞。我曾经在解剖活体鳗鱼的时候亲眼见过这一幕[1]。为了澄清这个疑惑，我接下来将从众多实验中援引两个重要的实验（其中一个我之前已经说过），它们清楚地表明了静脉血源源不断地向心脏奔流。

我曾在陛下和众多贵族的见证下解剖一只活着的母鹿，沿着颈内静脉纵向切开两道口子，我们会看到靠近锁骨的下方切口几乎没有血液流出，而另一个切口则有大量的血液涌出，从头部附近向下形成了一根相当长的血柱子。你们也可以在日常的放血术中观察到这一点，当你用手指压迫静脉切口下方一点的位置，会发现血流不出意料被拦截了，当松开压迫，血流又会恢复。

选取任何一条手臂上可见的长静脉，尽可能地用手把血液往身体远端挤压，你会看到静脉明显塌陷下去，就像在皮肤上留下了一道车辙印。但如果你马上改用指尖按压，你会看到靠近手方向的静脉马上隆起，变得充实而肿胀，被手部回流的血液填满。这是什么原因呢？当呼吸受阻，肺部受到压迫，大量空气滞留在肺里，胸腔的血管也同时受到挤压，此时脸部和眼睛就会充血，红通通的，这是什么原因呢？根据亚里士多德在《论问题》（*Problemata*）[2] 所说，在呼吸受阻时，所有的生命活动（actio）都需要比呼吸顺畅时更大的力量来完成，所以当脖子被卡住或呼吸

---

1. 参见拙著《心血运动论》。

2. 很有可能是一部亚里士多德伪作。——译者注

受阻时，从额头或舌头的静脉中可以抽取更多的血液。

我某次解剖了一位两小时前被处以绞刑的死者，在他的脸部充血还未消退之前，我剖开了他的胸腔和心包，发现他的右心房和肺部都被大量的血液阻塞。当时有很多围观者在场，我特地向他们展示了右心房膨胀得非常厉害，像男性的拳头那么大，好像随时就要被撑爆了一样。几天之后，随着尸体渐渐变冷，这些血液以其他的方式逐渐消失。这个实验和其他实验充分表明了全身的血液都会从静脉返回心脏，除非它们能找到其他的通道，或者心脏已经被塞满了。另外，如果静脉血想要返回动脉，它们只会被往前推送，很显然动脉血的冲击力大于静脉血。

我再补充另一个案例。达西先生（Robert Darcy）是一位贵族男爵，是我的挚友、著名的医生阿尔勒博士（Doctor Argent）的岳父。他生前经常跟我抱怨他到了中年以后总是感觉到胸闷，尤其是在夜里。因此他一直担忧自己会昏厥或是突然窒息，生活得不太安宁。他尝试过很多医疗手段，也咨询过很多知名专家，但是都没有好转。最后，随着他的病情不断恶化，他变得非常虚弱和浮肿，在一次严重的窒息发作时，他不幸去世了。我在阿尔勒博士和乔治博士（Doctor Gorge）的陪同下检查了他的尸体，前者是皇家医师学院的主席，后者是该教区的牧师，一位杰出的神学家和神职人员。我发现由于从左心室到动脉的血液通道受阻，死者的心室壁（看上去已经很厚实很强壮了）本身被撕扯开一个很大的口子，血液流进这个很大的孔洞，大到能轻松地放进一根手指。

我还认识一位非常老实谨慎的人，他受到强权者的侮辱后感到非常愤懑，但是由于无法报仇而一直在心中默默积累怨恨，长此以往，郁郁寡欢，没有向他人坦白过。后来他患上了一种奇怪的疾病，长期遭受胸闷和胸痛的折磨，即便最优秀的医生都没有治好他。几年后，他患上了坏血病，逐渐虚弱萎靡，最终病逝。这位病人只有当一个非常强壮的人帮他揉捏和捶打整个胸部时（就像发面那样）才能感到不那么痛苦，这种放松越频繁、持续得越久，效果越好。他的朋友们都认为他是中了黑魔法，或者是被邪灵入侵了。他的颈动脉肿胀得像大拇指一样粗，堪比主动脉或者下肢的大动脉，此处的脉搏也很强烈，看起来像两个长条的动脉瘤，因而我们尝试从他的太阳穴放血，但没有缓解他的疼痛。在他的尸体中，我发现心脏和主动脉都挤满了血液，心室肿胀得如同牛的心室一样大。由此可见，血液阻塞的威力是多么巨大，后果是多么严重啊。

尽管上文中关于肠子的实验说明了液体不用流出也可以引发搏动（通过液体的振动和上下摇晃），但这种情况不可能在活体的血管中发生，否则就会有严重的阻塞和生命危险。不过，这清晰地说明了血液并非在所有地方都以相同的速度流动，也不是在所有的部位都以同样的力度搏动。根据不同的年龄、性别、温度、身体部位，以及其他的内外部条件，自然和非自然状态等等，血液流动的速度和力量差距甚远。在有障碍或弯曲的地方，血液的流速肯定比不上开阔通畅的地方；同理，血液在厚实、致密、容易受阻的身体部位也比在轻薄、疏松、通畅无阻的身体部位流速慢；当搏动微弱、缓慢的时候，血液的前进速度和渗透速度更慢，当搏动强烈而快速的时候，血液的流动和渗透则更快；血液自身如果浓厚而黏稠，则流动得慢，如果清澈而轻薄，则渗透得快。因此，我们有理由设想，血液在循环过程中，流经肾脏比流经心脏慢；流经肝脏比流经肾脏快；流经脾脏比流经肝脏快；流经肺脏比流经肌肉或其他内脏都快，因为肺脏的组织最为疏松。

同样地，我们可以考察年龄、性别、气温，以及身体部位的软硬程度影响下的血液流动，还有当外界特别寒冷时身体的表现，以及四肢的静脉几乎看不见的情况；能明显看到血液的颜色和感觉到热的情况；当血液从食物那里接收了更多营养液的情况，诸如此类，我们可以考察各种情况下的血液循环。因此，在静脉放血术中，我们可以观察到，身体较热的人要比身体更冷的人血流更顺畅。我们也可以看到，当病人在放血过程中惊恐发作而昏厥时，血液立刻就会停止向外流动，全身的皮肤都会失去血色，面目苍白，四肢僵硬，随即出现耳鸣、眼花。我发现我已经偏离我的主旨很远了，但这道真理的光解释了如此多的问题，解答了如此多的疑惑，探明了如此多疾病的原因和疗法，它们需要一本专门的著作来谈。我接下来将会介绍我所有医学观察中最具价值的那部分。

在不同的情感状态下，例如欲求、期待或恐惧，我们的身体会做出不同的反应，表情会有所变化，血液也会上蹿下跳，这难道不是最有价值的事？当人们生气时眼睛会发红，瞳孔会缩小；当人们害羞时脸颊会泛红晕；当人们感到害怕或羞耻时，脸色会变得苍白，耳朵却会变得通红，仿佛听到了什么不好的消息；当年轻人之间发生暧昧的身体接触时，阴茎能快速地充血和勃起。但是对于医生来说，更有价值的观察是，为什么放血疗法和拔罐疗法，以及按压疼痛处的动脉（尤其是按压的过程中）能够魔法般地缓解所有疼痛？这些问题无疑都能从我的观察中得到清晰的解释。

愚蠢和缺乏经验的人只会通过诡辩和牵强附会的证据错误地反对那些通过解剖学证据和亲眼见证确立的事实。想要了解真相（无论是可感见的，还是其他的）的人必须亲自观察或者信任已经这么做了的人，否则他无法通过其他方式得到更可靠的结论。谁能说服从未品尝过酒的人，让他相信酒是甜的，比白开水甜很多？谁能说服天生缺乏视力的人相信太阳的光芒远胜所有星星？因而关于血液循环的事实，这么多年来已经有无数可见的实验证据可以证实，而且没有人能够举出一个可感经验作为反例，或者用其他实验及实验的后果来削弱血液循环的事实，甚至没有任何人尝试通过亲眼观察提出反面论证。

同时倒是有不少人，由于他们对解剖技术和解剖理论的无知，没有提出任何反对循环观念的感官证据，却仗着他们老师的权威，或者用想当然的诡辩嚷嚷着空洞和轻浮的主张。还有人已经放弃得体和严肃的交流，经常使用侮辱性的言语，甚至在争吵和人身攻击边缘徘徊。他们暴露了自身的傲慢与无礼，愚蠢与空虚，他们想要的争论（本应基于感官经验）最后沦为了无视感官经验的诡辩狂欢。正如西西里的暴风怒吼着将海浪拍在卡律布狄斯（Charybdis）[1]中央的岩石上，将它们撕碎成巨大的泡沫，这些人的感官也将撕碎他们的诡辩。

如果我们在缺乏合理性证明或感官经验恰好和理性思辨相冲突的情况下，就不承认通过感官确立的事实，那么我们将无法探讨任何问题。如果感官带来的信念没有绝对的可靠性，必须要建立在合理性之上，我们将失去所有科学。即便几何学也需要建立在图形之上，因为几何学就是通过推理证明（demonstratio）让远离感官的事物变得重新可感，几何学的案例使得抽象深奥的、对于感官来说很陌生的事物变得更好理解、更清晰、更具象。亚里士多德在探讨蜜蜂生殖问题[2]时更明确地告诫过我们，"推理证明仅当它的结果符合感官经验时才有效，当我们充分把握事实时，应该诉诸感官证据而不是理性证据"。因此我们应当在非常细致的研究之后再对所有事物发表赞同或反对的意见。但是，如果是为了检验和考察一个陈述的真伪，我们应当诉诸感官经验，在感官的判断下确证或确立事实，因为没有什么谬误能藏在感官之下。柏拉图在他的《克里底亚篇》（Critias）中强调，当我们能诉诸经验时，解释一个事物并不难；拒斥经验的听众都不适合研究科学。

试图教会一群缺乏解剖经验也不具备这方面感官知识的人实在是太困难了。就像一群显然分辨不了颜色的瞎子和识别不出音

---

1. 希腊神话中的大漩涡怪。——译者注
2. 《论动物的生殖》（De Generatione animalium）第 3 卷第 10 章。

乐的聋子，要想指导他们了解真正的科学，那是多么的困难和不恰当！谁能使盲人或没有见过大海和图形的人明白大海的涨潮和退潮，或者理解几何图形中角的大小和边的长度？如果一个人不具备任何解剖经验，也就是说他从来没有亲眼观察、亲手触摸过解剖材料，那么他在这个意义上和盲人就没有区别，这样的人也不适合学习。因为他没有受过解剖学家专门的训练，包括讨论问题的方式以及研究自然或切入本质的方法；他对于他论证的一切都处于无知状态，包括事实、推理以及文献来源。然而，所有的知识都是来自先在的知识，这也是我们关于天体的知识是如此不确定和充满假想的主要原因。我想向那些自称对所有事情的原因和理由都略知一二的人请教一下，为什么两只眼睛只能同时看向一边，而不能凭借你的意愿让一只眼睛看向一边，同时另一只眼睛看向另一边？同理，为什么心脏的两个心房不能以不同的方式运动？诸如此类。实际上，人们不知道流感和瘟疫的原因，也不知道为什么某些药物有奇效，但是我们难道要否认它们吗？以及，为什么子宫里的胎儿在十个月之前都不能呼吸，但却没有窒息？而如果胎儿在七八个月就出生，在吸了第一口气之后很快就能正常呼吸，此时如果缺少空气就会窒息。为什么胎儿在子宫里以及出生后还未吸入空气前可以在不呼吸的情况下维持生命，但是一旦吸入了空气就必须依靠呼吸维持生命了呢？

在反对和质疑血液循环理论的人当中，有一些是因为没有完全理解我的观点，因此我将简要地概括我在《心血运动论》中的主张。静脉血流至心脏基底和右心房附近时——指的是腔静脉，血液最丰富的仓库——凭借自身内部的热缓慢升温，越来越稀薄，然后像煮沸了一样膨胀升腾，使右心房扩张。右心房的搏动力驱动其收缩，将血液快捷而迅速地推进右心室。此时右心室被填满，随后它通过收缩将血液输送至肺动脉（三尖瓣阻止了血液返回右心房，但肺动脉保持开放通畅）并使其扩张。到达肺动脉及其分支以后，血液由于半月瓣的阻挡无法回到右心室，同时，肺部扩张时吸气，收缩时呼气，肺动脉的血液在胸腔的挤压下进入肺静脉，随即进入左心房。左心房将血液推入左心室，与此同时右心房也将血液推入右心室（右心房以相同的顺序和节奏运动，执行相同的功能）。左心室和右心室同时向动脉管腔泵血（由于瓣膜的阻挡，血液无法倒流回心房），血液由主动脉进入所有动脉分支。动脉由于突然涌入大量血液且无法立刻疏散而被迫扩张，形成了脉搏。这个过程持续不间断地重复，因此我得出：随着无数次的心脏泵血和大量血液的涌入，肺部或其他地方的动脉最终可能会由于太过充实而阻塞，要么所有的血流都会停止，要么这些部位会因为过度膨胀而破裂，要么所有这些血液就会回到静脉，除非它们有其他的去处。

我们可以以同样的方式设想心室，如果心室在心房的搏动下充满了血液，而动脉没有同等容量的空间，那么心室就会扩张到它的最大值，最终再也无法动弹。只要前提是正确的，我的结论就是证明性的（demonstrativa），是正确且必然的；并且，是感官而非理性，是亲眼见证而非逻辑思辨让我们更加确定事实就是如此。

更进一步地，我也证实了全身各处的静脉血都会从小血管流向大血管，从各个部位向心脏聚集，我从中得出，有多少血液源源不断地从静脉进入动脉，就有多少血液最终又回到了驱使它们的源头。血液通过这样的方式循环运动，在心脏的推动下流向所有动脉，由身体各部分吸收后又释放，持续不间断地回到静脉。感官经验告诉我们这是正确的，从可感事物中总结出的必然事实消除了所有的疑惑。最后，这就是我试图从观察和实验中解释和澄清的内容，我并不想从合理性的前提出发进行因果证明，只想通过感官经验证实它们，在解剖学家的世界里，后者就是最有力的权威。

需要注意的是，我们虽然通过观察和触摸感觉到心脏及主动脉强有力的搏动和激烈的振动，但并不是在所有的血管里都有这样大幅度的收缩和舒张（在大型的温血动物中），也不是所有具有血液的动物都有这样明显的搏动。但是，这导致了一个必然结果，即所有的血液都在流动，并且以更快的速度通过小动脉、多孔的疏松组织以及所有的静脉分支，血液循环就是这样形成的。细小的动脉和静脉都不搏动，只有主动脉和靠近心脏的动脉搏动，因为它们接收了大量涌入的血液但无法及时排出。你可以试着剖开动脉，让其中的血液自由地向外喷涌，此时在这条动脉上几乎感觉不到脉搏，因为汹涌的血液有了另一条出路，就不会造成动脉的扩张。在鱼、蛇等冷血动物体内，心跳缓慢而微弱，你也很难察觉到它们的脉搏，因为它们的血液流得很慢。因此在人体中很难通过脉搏来识别出小动脉，因为它们没有被血液冲击。

如前所述，如果剖开一段活体的动脉，它将不再搏动，这清楚地表明了脉搏不是因为动脉自身的搏动力，也不是因为从心脏传递过来的搏动力，而仅仅是因为血液对管壁的冲击。而在完整的动脉中，当血液流经时你可以通过触摸把握到它的收缩和舒张，正如我之前说过的，脉搏的所有变化都和心脏一致，包括次数、顺序、力度以及搏动的间隔，就像照镜子一样。类似的，当水从水枪喷射到连着它的水管里，（如果站在合适的角度）我们可以观察并分辨出这个工具的每次喷射，每股水流的变化秩序，它的开端、增强和结束，以及每次喷水的猛烈程度。因此当我们剖开动脉，可以注意到血液的喷涌就像水流一样，尽管时近时远，但从不间断；动脉中除了搏动、血液的摇晃和震荡（不是在所有动脉中都可以察觉到），还存在持续前进的血流运动，直到血液返回它们出发的地方，即右心房。

你可以在较长的动脉里观察到这些现象，例如切开颈动脉，然后用手指按住切口，控制血流的大小，你在增大或减小血流的同时可以清晰地感觉到脉搏的增强和减弱。从整个胸腔的运动中也可以清楚地看到这些现象，你可以做一个简单的实验，打开胸腔，随后肺部塌陷，停止呼吸。你会看到左心房收缩，排空自身的血液，变得苍白无力，和左心室一起时有时无地虚弱地搏动，最终完全衰竭。同样地，你在动脉切口中也可以观察到，血流越来越小，小成一条线，脉搏也越来越弱，最终由于左心室不再搏动，不再供给血液，血流消失。你还可以尝试结扎肺动脉，左心房的搏动就会消失；松开结扎，左心房的搏动又会恢复。同样地，可以在濒死的动物身上清楚地观察到，左心房是如何最先停止运动，然后依次是左心室、右心室，最后是右心房。最先具有生命和搏动的部位也是最后衰亡的部位。

感官经验清楚地表明了血液只从肺部通过（而不是心室中隔），并且只在肺部呼吸时才通过，在肺衰竭或还未起作用时血液也不通过。因此这很可能就是自然需要在胚胎中（胎儿没有呼吸）开一个卵圆孔，让血液流进肺静脉（供给左心室和左心房所需的物质）的原因，在幼儿时期或能够呼吸时自然就关闭了这个通道。这显然也是肺部血管因充血过多而阻塞的原因，或是严重的疾病导致病人呼吸受阻从而会有生命危险的原因。同样非常清楚的是，肺部的血液颜色特别鲜亮，是因为肺部的血液被压缩得最轻薄。除此之外，我们根据之前的讨论可以注意到，那些希望知道血液循环的原因的人，设想心脏的力量是所有事物的推动者，他们认同亚里士多德，认为心脏不仅能够传递和驱动血液，而且可以吸引和产生血液；他们认为精气是在心脏的原生热作用下诞生的，是灵魂的直接工具，或者说身体和灵魂的结合处，也是第一个能够实现所有生命活动的器官。因此，他们认为血液和精气的运动、它们带来的完善和温暖，以及血液的所有其他性质都是源自心脏（亚里士多德认为血液的这些性质就像热水或煮沸的浓汤一样），心脏是搏动和生命的第一因。人们通常是这么认为的，然而坦白地说，我并不是这么认为的。关于动物生殖的部分有很多现象促使我得出自己的结论，但不适合在这里赘述了。简而言之，我或许会发表一些比这更精彩的作品，可能会对自然哲学有更大的启发。

与此同时，在各位博学之士善意的允许下，以及出于对古人的尊敬，我仅仅是表明和提出我的观点，尚未进行论证。我认同心脏连同所有的动静脉，以及其中包含的血液，是身体所有部分的本原、创造者、源泉以及生命的第一因。就像大脑，连同它的神经、用于感知的工具（organum），以及脑髓一同构成了完整的感觉器官（organum）。但是，如果"心脏"这个词只是意味着心室和心房组成的腔体，我不认为它是血液的创造者，也不是血液的力量（vis）、品性（virtus）、理性（ratio）、运动或热的来源。而且，我认为舒张期或膨胀的原因和收缩期或收紧的原因不一样，无论是在动脉中，还是在心脏的心房或心室中。所谓"舒张期"的搏动也和收缩期的搏动原因不一样，并且舒张期的搏动每次都先于收缩期的搏动。我认为舒张的第一因是血液自身的原生热，就像发酵的过程一样，原生热缓慢地衰减并膨胀，它是动物体中最后熄灭的事物。我同意亚里士多德所说，认为这个过程类似浓汤或者牛奶，即它膨胀又回落并不是因为从中升腾出蒸汽或者精气之类的气体，也不是因为外部的驱使，而是来自内部的本原，是自然的调节机制。

心脏不像某些人所设想的，类似一盆炭火或者热水壶，是热和血液的来源；相反，血液才是身体中最热的部分，是血液将热给予了心脏和其他所有部位。因此心脏具有冠状动静脉和其他部位具有血管是出于相同的功用，即引入和保存热流。因此，各部分温热的程度取决于它们包含了多少血液，拥有越多的血液，也就拥有越多的热。心脏及其房室正是因为这个原因才成为了热的仓库和源泉，它们持续地燃烧，不是因为致密的肉质，而是因为它们像热水壶一样盛满了血液。同样地，肝脏、脾脏、肺脏和其他身体部位之所以是热的，也是因为它们分布有许多静脉或血管。由此我相信原生热（也就是天生具有的热）是所有生命活动的普遍工具，也是搏动的第一驱动者。但我还没有完全证实这一点，只是提出来作为一个观点供大家参考，很希望能够听到博学之士的反对意见，但拒绝粗俗无礼的责难和谩骂，欢迎任何在这方面有所研究的人与我分享。

因此，血液循环运动的路径如下：从右心房出发，先进入右心室，然后从右心室流经肺到达左心房，进入左心室和主动脉，再分配到所有的动脉分支，经由身体各部分的多孔组织流入静脉，再通过静脉返回心脏底部。血液如此迅速地就回到了起点！

想要了解血液是如何流经静脉的人可以看看以下这个实验。用通常的方法在手臂上做一个中等程度的结扎并且一直保持，通过运动小臂让所有的静脉都剧烈地膨胀，等到结扎下方的皮肤明显变红时，用手握着一袋凉水或一块冰，使聚集在结扎下方的血液充分地冷却。接着，突然松开结扎，你会感觉到一股冰凉的血液以极快的速度冲向心脏，这种强烈的感受会让你明白为什么有些人在放血术结束松开结扎之后会晕倒。这个实验表明结扎下方静脉里隆起的内容并不是血液蒸腾出的精气或蒸汽（因为冰块带来的寒冷将会驱散这种沸腾导致的泡沫），而是只有血液。并且，这些血液无法通过交汇处或不可见的蜿蜒小道倒流回动脉。这个实验还解释了攀登雪山的旅者为什么会突然意外地死去，以及诸如此类的很多事。

为了让大家更好地理解血液如何通过所有身体部位的疏松组织并且向各个方向流动，我在此补充一个实验。被绳索勒死或绞死的人和上述的结扎手臂有一个共性，那就是绳索以上的脸部、眼睛、嘴唇、舌头以及所有头部以上的部位，都充盈着大量的血液，呈现出最大程度的血红色，直至肿胀得淤青、发黑。松开尸体身上的绳索之后（无论绳索系在什么位置），你会看到很短的几个小时内所有的血液都离开了脸部和头部，仿佛是由于自身的重力往下降，通过皮肤、肉以及其他部位的孔隙，从仰卧着的身体上部渗透到身体下部，尤其是填满了身体下方的皮肤，后者看起来充满了黑色的血块。在活体中，血液具有更多的活力和精气，身体组织的孔隙更开放，因而血液的渗透力也更强；在尸体中，血液渐渐凝固，身体部位也由于寒冷变得僵硬、致密，阻滞血液的流通。因此血液在活体中比在尸体中更容易通过身体的疏松组织。

最聪明的天才笛卡儿（René Descartes，1596—1650）（很荣幸他提到了我，对此我深表感激）和他的同伴一起观察过鱼的心脏，他们将活鱼的心脏取出，放在一个平板上，观察它的活动以模拟人的心脏搏动。当它竖直地站立起来，变得更强壮有力，笛卡儿认为这是心脏在扩张、膨胀，心室在此时变得更宽敞。据我所知，他们的观察是不正确的。因为心脏此时很显然是在收缩，它的所有腔体都在缩小，这是心脏的收缩期，而不是舒张期。心室并不是在舒张期或者扩张的阶段变得强壮有力，相反，舒张期的心脏是在平息和放松，明显更加虚弱。但是，我们并不会说尸体中的心脏是在"舒张"，因为它已经彻底衰竭，不会再引发收缩，不会再有任何运动，也不会再次扩张。而真正的心脏扩张，或确切地说是它的舒张期，其实是由于心房的收缩将血液推入心室造成的，这一点通过活体解剖可以清晰地观察到。因此，笛卡儿他们并不了解彻底衰竭的心脏及动脉与舒张期的心脏有什么区别，他们也没有意识到心脏的扩张、衰竭和收缩的原因并不相同。不同的结果出于不同的原因，因而不同的运动也是出于不同的原因。所有的解剖学家都非常了解我们的肌肉是相互对抗的，所有四肢的肌肉都分为内收的和外扩的，自然出于必然性，一定会为了相反的和不同的运动制造相反的和具有不同行动的器官。我也不认同他和亚里士多德的共同主张，认为收缩和舒张作为搏动拥有相同的动力因，即都是由于血液的某种沸腾冒泡所致。因为心脏的运动都是突然间抽紧，再迅速地击打，但沸腾或发酵的过程却不是这样的，它们无法在一眨眼的时间完成膨胀或平息，都是缓缓地上升，再缓缓地下降。而且这与活体解剖中观察到的事实不符，如果有人愿意亲自观察，很明显能看到心室的扩张是因为充满了由心房搏动推入的血液，扩张的程度和血液填充的程度成正比；还可以观察到心脏的扩张是比较激烈的运动，这是血液的冲击，而不是任何吸引力造成的。

有些人会认为植物在营养过程中并不需要对营养液进行驱动，那些缺乏营养的部分会逐渐地自主吸收；动植物的营养方式应当是一样的，因此动物也不需要这样的推动力。但事实并非如此。动物的身体中需要持续流动的热来保证身体末端的温暖，维持动物的活力，以及修复受伤的部位，因而不仅仅只需要营养。

关于血液循环已经说了这么多了，如果体内的循环不能顺利进行，血液被阻塞了或变异了或流得太快，将会带来许多危险的疾病和可怕的症状。比如在静脉中可能出现曲张、脓肿、疼痛、痔疮和出血；在动脉中可能出现曲张、瘀积、剧烈的刺痛、动脉瘤、肉瘤、大出血、突然窒息、哮喘、肢体麻木、中风，以及无数类似的现象。我并不是想在此告诉大家如何魔法般地消除这些不可治愈的疾病，我只是希望能通过我的医学观察和病理学研究告诉大家之前没人提过的事。

尊敬的里奥朗先生，您似乎不相信肠系膜静脉中存在血液循环，为了让您完全满意，我再补充一个简单的实验。在活体解剖中，结扎肝脏附近的门静脉，你会看到结扎下方的静脉隆起，就像放血术中结扎手臂时会出现的情景一样，它表明了血液在此处流动。另外，您还认为血液会通过交汇处从静脉返回动脉，您可以在活体解剖中结扎下腔静脉以及股静脉分支，然后制造一个动脉切口，您会看到所有静脉（甚至包括上腔静脉）的血液在短短几次心跳之后就会全部流出，只有结扎下方的股静脉（至少是更下端的静脉）还是充实的。如果它们可以从交汇处回到动脉，那它们一定也会从切口流出。

[全书完]

　　威廉·哈维（1578—1657）是国内外家喻户晓的科学家之一，无论是在教材中还是在科学史研究领域，哈维都不逊色于伽利略、哥白尼、牛顿、惠更斯等科学家，他凭借发现血液循环被誉为"近代生理学之父"。在思想史上，哈维最令人耳熟能详的贡献是"把心脏比作水泵"，第一次正确地阐释了心脏和血液的运动，并且以机械的方式看待身体，促进了近代身体观的形成。的确，对于现代读者而言，《心血运动论》这本小书显得非常友好、亲近，因为它大部分是在描述解剖实验和临床观察的结果，通过观察和计算得出简明的结论，好似一位现代科学家在写作，倒不像是出自四个世纪以前的皇室御医之手。

　　《心血运动论》中译本 1992 年便由田洺教授译出，2007 年再版，受到了广大中文读者的喜爱，后来新出的凌大好、河西等中文译本，也都是参照田版的翻译，未能出其右。田版以罗伯特·威利斯（Robert Willis）的英译本《哈维全集》（*The works of*

William Harvey，1847）为底本，译文准确、语言通畅；可惜的是，威利斯的英译本尽管是欧美最为普及的版本，但是作为学术研究之用还是略显粗糙，这也是本人重新翻译《心血运动论》的动机。随着学界对近代早期科学史尤其是科学革命时期思想研究的推进，哈维在思想史上的意义也被进一步地挖掘和完善。我们不能满足于从现代科学发展的清晰线路来评价和认识哈维，将《心血运动论》仅仅看作填补了血液循环这一块科学知识之砖的科学著作，而是应当回到科学诞生之初的旋涡，认识到哈维也是文艺复兴时期深受意大利北部哲学文化影响的一员。彼时新的宇宙观、身体观、真理观呼之欲出，但大宇宙和小宇宙仍在交相呼应，灵魂仍缠绕着身体、主宰着生命，人类仍未脱离自然成为宇宙的中心。因此，古老的盖伦医学和亚里士多德哲学是《心血运动论》无可置疑的底色，建立新的生理学体系又是《心血运动论》无可掩饰的野心。我们要把它当作一部近代早期的自然哲学书籍来阅读，而不是将其仅仅看作"大浪淘沙"留下的"正确知识"；我们要看到新旧身体观以独特的方式共存，而不能只从中挑选出我们熟悉的科学方法来赞扬其先见之明；我们要看到哈维对灵魂和生命最真挚的追问，而不是仅仅认为他像打开机器一样考察身体的结构与功能。

为了尽可能地让读者感受到上述氛围，本书同时参考 1653 年首版英译本和 1957 年富兰克林（Kenneth J. Franklin）版英译本（据说是最接近拉丁文原义的英译本）作为底本，并对照拉丁文原文，力图呈现一个更为忠实和贴近时代的文本。本书着重对一些专业术语进行了统一翻译，在此略作说明。首先是"精气"（spirit, spiritus, πνεύμα），这可能是旧生理学与我们现在的认知差异最大的地方。旧生理学普遍认为空气进入身体后会转化成一种极其精细的气体，存在于管腔之中，实现身体的各种机能。精气曾被看作是灵魂的载体，直到哈维在晚年的著作中明确将血液看作灵魂的载体。"精气"这一翻译在西方思想史领域已是固定译法，田版译作"元气"，虽也能凸显它与精神、灵魂的紧密关联，不过容易与中国古代哲学混淆，不利于进一步地比较和阐述中西方的身体观差异。第二个术语"行动"（action, action, ἐνέργεια），在本书中指的是身体器官或部分有目的地主动运动。ἐνέργεια 在亚里士多德哲学中表示与"潜能"相对应的"现实"，廖申白老师曾将其翻译为"实现活动"，即通过活动而实现、达到的东西，或是实现某种功能的活动。哈维的用法直接来自盖伦，盖伦著作中的 actio 与本书另一重要术语"功用"（use, usus, χρείασ）应结合起来理解，两者共同刻画了部分之于身体的目的论关系。田版《心血运动论》未能统一翻译 actio 这个术语，时而翻译成"活动"，时而翻译成"作用"，这在一定程度上遮蔽了哈维与盖伦体系藕断丝连的复杂关系；另外，将 actio 翻译为"活动"原本是贴切的，但我担心"活动"一词太过平常，与 motu 的译文"运动"在中文语境中太过相似，体现不出其作为主动运动的目的论意涵，故擅自译作"行动"，如有不妥，请读者多多指教。还需要说明的是，usus 在本书中的含义和用法其实和 functio，officio 大致相同，但我将前者翻译成"功用"，将后两者翻译成"功能"，意在强调无论是actio还是usus都不可简单地理解为现代意义上身体器官的"功能"，因为在哈维的身体观中，功能并不单纯取决于结构，即物质因，"行动"是同时作为形式因、动力因和目的因三因合一的灵魂所"采取"的"行动"，"功用"是灵魂的行动所实现的目的。最后一个需要说明的术语是"亲眼见证"（autopsia，αὐτοψία），autopsia意为"用自己的眼睛看"，在本书中哈维明确将其作为一种确证真理的方法，多次与"推理"（ratio）并列。我们可以从中看出亲自观察作为科学方法的地位在文艺复兴时期尤其是解剖学领域得到了很大的提升。这一术语也多次出现在同时期的其他解剖学著作中，例如解剖学之父维萨留斯的《论人体的结构》（De humani corporis fabrica）。

接下来我将对附录略作说明。附录的两封公开信是哈维生前唯一发表的公开信，冠以《论血液循环》的书名，原文为拉丁文，这个部分同样是根据1653年英译本和富兰克林英译本译出。田版的附录中编译了哈维几乎所有公开信，唯独没有翻译这两封，故在此译出，供各位参考。这两封信是哈维回应巴黎大学医学院院长里奥朗对血液循环理论的质疑，是众多公开信中最为重要的两封，体现了哈维对血液循环理解的加深。研究表明，第一封信的实际写作时间要晚于第二封，并且更加针对里奥朗在其1648年出版的《解剖学与病理学百科全书》（Encheiridium anatomicum et pathologicum）中对血液循环提出的反对意见。有趣的是，关于哈维最流行的说法，"把心脏比作水泵"，其实在

《心血运动论》中并未见到，反而是在给里奥朗的第二封信中我们才看到了类似的比喻。

最后，感谢吴国盛老师和刘胜利老师对此次翻译工作的支持和引领；感谢李润虎老师字斟句酌地审校书稿，纠正了多处不妥当译文；也感谢曹曼编辑在整个出版过程中的耐心与严谨。若是此书有幸能使一些读者有所收获，那么上述诸位老师将功不可没。

刘逸

2022.7.27

作者 | 威廉·哈维

William Harvey 1578-1657

英国著名生理学家、医生
实验生理学创始人之一

1578 年，出生于英国肯特郡福克斯通镇
1602 年，获得医学博士学位
1628 年，发表《关于动物心脏与血液运动的解剖研究》（即《心血运动论》）
1651 年，发表《论动物的生殖》

哈维基于人体和动物解剖实践得出的血液循环理论，动摇了盖伦医学的统治
地位，开辟了生命科学的实验生理传统，成为 16 世纪重要的科学革命家之一。

译者 | 刘逸

1994 年生，青年译者
清华大学科学史系博士生（博士候选人）

其研究方向为西方医学史，独作论文《精气的消除与血液的同质化——论哈
维发现血液循环的观念前提》发表于《自然辩证法研究》2021 年 10 月刊。

心血运动论：
关于动物心脏与血液运动的解剖研究

作者 _ [英] 威廉·哈维　译者 _ 刘逸　审校 _ 李润虎

产品经理 _ 曹曼 邵蕊蕊　　装帧设计 _ 朱镜霖 陆震　　产品总监 _ 曹曼
执行印制 _ 梁拥军　　出品人 _ 路金波

营销团队 _ 阮班欢 李佳 杨喆　　物料设计 _ 朱镜霖

果麦

www.guomai.cc

以 微 小 的 力 量 推 动 文 明

图书在版编目（ＣＩＰ）数据

心血运动论：关于动物心脏与血液运动的解剖研究 /
(英) 威廉·哈维著 ; 刘逸译. -- 昆明 : 云南人民出版
社, 2023.2
ISBN 978-7-222-21436-1

Ⅰ.①心… Ⅱ.①威… ②刘… Ⅲ.①血液循环 - 动
物解剖学 - 研究 Ⅳ.①Q954.5

中国国家版本馆CIP数据核字(2023)第006664号

责任编辑：刘　娟
责任校对：和晓玲
责任印制：马文杰
特约编辑：曹　曼　邵蕊蕊
装帧设计：朱镜霖　陆　震

心血运动论：关于动物心脏与血液运动的解剖研究
XINXUE YUNDONG LUN : GUANYU DONGWU XINZANG YU
XUEYE YUNDONG DE JIEPOU YANJIU
〔英〕威廉·哈维　著　　刘逸　译

出版	云南出版集团　云南人民出版社
发行	云南人民出版社
社址	昆明市环城西路609号
邮编	650034
网址	www.ynpph.com.cn
E-mail	ynrms@sina.com
开本	880mm×1230mm　1/32
印张	6
印数	1—5,000
字数	125千字
版次	2023年2月第1版第1次印刷
印刷	河北鹏润印刷有限公司
书号	ISBN 978-7-222-21436-1
定价	78.00元

如发现印装质量问题，影响阅读，请联系021-64386496调换。